# DE

# LA FORTIFICATION

## EN PRÉSENCE

## DE L'ARTILLERIE NOUVELLE

### Par E. de BLOIS

GÉNÉRAL DE BRIGADE

> Brûlons de la poudre et versons
> moins de sang.
> VAUBAN.

## TOME SECOND

## PARIS

LIBRAIRIE MILITAIRE

J. DUMAINE, LIBRAIRE-ÉDITEUR DE L'EMPEREUR

Rue et passage Dauphine, 30

1865

DE

# LA FORTIFICATION

EN PRÉSENCE

## DE L'ARTILLERIE NOUVELLE.

©

DE

# LA FORTIFICATION

EN PRÉSENCE

## DE L'ARTILLERIE NOUVELLE

### Par E. de BLOIS

GÉNÉRAL DE BRIGADE

Brûlons de la poudre et versons
moins de sang.
VAUBAN.

## TOME SECOND

## PARIS
LIBRAIRIE MILITAIRE
J. DUMAINE, LIBRAIRE-ÉDITEUR DE L'EMPEREUR
Rue et passage Dauphine, 30

—

1865

Paris.—Imprimerie de Cosse et J. Dumaine, rue Christine, 2.

DE

# LA FORTIFICATION

EN PRÉSENCE DE

## L'ARTILLERIE NOUVELLE.

### SECONDE PARTIE.

L'examen des opinions qu'ont émises divers auteurs sur la fortification, nous a permis de connaître la marche suivie depuis deux siècles par cette branche de l'art militaire.

Nous avons constaté que Vauban et Coëhorn, les deux grands ingénieurs du XVIII° siècle, avaient assuré à l'attaque une incontestable supériorité sur la défense; le premier en détruisant par le ricochet l'artillerie des remparts, le second en dirigeant dans l'intérieur des villes une grêle de projectiles creux.

Afin de contre-balancer ces effets et de rendre aux frontières des États la force dont elles se trouvaient ainsi dépouillées, il importait de

II.                                                    1

donner à la défense ce qui lui manquait pour tenir tête à l'attaque. Or les résultats signalés ne s'obtenant que par le tir de la formidable artillerie de la parallèle, le bon sens indiquait que la conservation des forteresses ne serait assurée dans l'avenir, que si leur armement se composait d'un beaucoup plus grand nombre de bouches à feu qu'autrefois, et que si la fortification était construite de manière à dérober autant que possible ces canons au tir d'enfilade, soit en les cachant sous de solides abris, soit en rendant irricochables les parties de l'enceinte le long desquelles elles sont placées pendant le siége.

C'est ce que ne comprirent point les chefs du corps du génie au XVIII° siècle. Cormontaingne. désespérant de pouvoir conserver l'artillerie sur les longues faces de ses bastions et de ses demi-lunes, imagina de se passer de canons dans la défense, ou du moins d'en restreindre singulièrement le nombre, en sorte qu'on pût les retirer facilement des remparts au moment où la parallèle ouvrait son feu. Fourcroy et les autres ingénieurs adoptèrent ce principe, qui fut enseigné dans toutes les écoles.

Quant au bombardement, comme on y voyait

un moyen trop rapide d'en finir avec la résistance, et de faire tomber les places dont les enceintes avaient été si péniblement élevées, l'école du génie résolut de faire abstraction complète de ce mode de réduction. Se fondant sur une opinion formulée par Vauban dans son *Traité de l'attaque*, et sans tenir compte des idées ultérieures du maréchal à ce sujet, elle proclama l'inefficacité des attaques incendiaires, qu'elle accusa même de barbarie, croyant ainsi détourner les gouvernements de recourir à ce procédé. Mais ces efforts furent inutiles : les avantages obtenus par le bombardement en Allemagne, dans le courant du siècle, parurent dépasser de beaucoup les inconvénients qu'il présentait ; et tandis qu'en France, on ne construisait et l'on n'armait les places qu'en vue des attaques régulières à la Cormontaingne, les étrangers restèrent fidèles aux enseignements de Coëhorn.

Telle était la situation de l'art de la fortification dans les différents pays de l'Europe, lorsque éclata la guerre de la révolution française en 1792. Nos places, très-faiblement armées, présentaient aux atteintes du ricochet toutes les parties de leurs remparts qui avaient des vues sur la campagne.

Les idées fausses qui étaient alors en circulation parmi nos officiers sur la manière dont les armées de la coalition devaient attaquer nos places, semblaient devoir conduire directement notre pays à sa perte; et si dans ce moment critique, il ne succomba point sous les efforts de tant d'ennemis, c'est que la Providence ne voulut pas sans doute que la France fût rayée du nombre des nations. Lorsque l'on remonte aux causes qui produisirent cet heureux résultat, on reconnaît qu'il faut l'attribuer 1° aux fautes commises par les Autrichiens dans l'attaque de plusieurs de nos forteresses; 2° au talent incontestable que déploya Carnot, en dirigeant les opérations militaires, pendant la mémorable campagne de 1794.

Choisir parmi les siéges qui ont eu lieu depuis le commencement de cette guerre jusqu'à nos jours, un certain nombre d'exemples, en extraire quelques détails pour les soumettre à nos lecteurs, c'est rester au cœur de notre sujet. Nous confirmerons ainsi l'exactitude des opinions que nous avons émises dans notre première partie; nous réussirons à réhabiliter le rôle de l'artillerie dans la guerre des siéges, rôle beaucoup trop déprécié par l'école française du génie; enfin nous constaterons l'insuffisance complète du système bastionné, d'après lequel étaient construites les meilleures forteresses, à cette époque où elles se montrèrent généralement si faibles contre les attaques de toute nature qui leur furent livrées.

Les siéges étaient très-rares il y a cent ans : nous pouvons donc excuser les anciens ingénieurs d'avoir méconnu et repoussé les moyens qu'on leur proposait pour accroître le pouvoir défensif des places. Combien ne serions-nous pas plus coupables qu'eux, si nous persistions à nous maintenir dans le cercle de leur idées, malgré les progrès continus des armes, dont nous sommes témoins ; malgré la connaissance que nous avons des guerres de la République et de l'Empire, et malgré les exemples que nous donnent nos voisins, qui ont compris les services que leur rendra l'artillerie dans la défense de leurs forteresses !

# SUR LES SIÉGES MODERNES.

## 1° Guerres de la République.

### BOMBARDEMENT DE LONGWY,

Par les Prussiens, en 1792.

L'armée coalisée franchit la frontière de France le 19 août 1792. Il ne pouvait entrer dans les projets du roi de Prusse de faire à ses ennemis une guerre méthodique, à la faveur de laquelle ils eussent trouvé le temps de se reconnaître, de s'organiser militairement et d'opposer de sérieux obstacles à l'invasion. Il fallait donc frapper de grands coups, et pénétrer le plus rapidement possible dans les plaines de la Champagne, afin de pouvoir ensuite se diriger sur Paris.

Deux places, Longwy et Verdun, barraient le passage à l'armée prussienne, et il lui était nécessaire de s'en emparer : l'une et l'autre avaient été fortifiées par Vauban. Si le duc de Brunswick, chargé d'entreprendre ces attaques, eût voulu suivre dans la conduite de ces siéges la marche tracée par Cormontaingne et l'école française, c'est-à-dire ouvrir une série de tranchées et de parallèles pour arriver pied à pied jusqu'au sommet de la brèche, il n'eût pas fallu, d'après l'évaluation de nos ingénieurs, moins de vingt jours pour chacune de ces opérations, dans l'hypothèse où la défense eût été aussi faible que possible. Encore était-il très-vraisemblable que Verdun eût tenu plus longtemps; puisque Bousmard, officier d'un très-grand mérite, devait, comme chef du génie, prendre une part très-active à la défense de cette forteresse.

Les militaires les plus instruits de l'époque comptaient donc sur l'obstacle de la fortification pour arrêter l'armée envahissante; et d'un autre côté, l'enthousiasme de la liberté dont paraissaient animés les habitants de ces deux places, semblait promettre une résistance obstinée.

Aussi, dès que la nouvelle de l'invasion de Longwy parvint à l'Assemblée, de fougueux orateurs affirmèrent que la population de la ville tiendrait son serment de s'ensevelir sous les ruines des remparts, plutôt que de recevoir dans ses murs les satellites de la tyrannie.

Mais cet espoir ne fut pas de longue durée.

A la séance du 26 août, lecture fut donnée d'une lettre du général Luckner, annonçant la reddition de Longwy après quinze heures de bombardement. La bourgeoisie et les corps administratifs ayant prié le commandant Lavergne de se rendre, celui-ci n'avait pas résisté à ces sollicitations; et la garnison obtint la faculté de sortir libre de la place. Quinze hommes seulement avaient péri dans l'attaque.

On comprend que cette nouvelle dut soulever des tempêtes. Vergniaud, montant à la tribune, fit accepter un décret portant que *tout citoyen qui dans une ville assiégée parlerait de se rendre, serait puni de mort*; vaine mesure qui n'empêcha pas Verdun de suivre quelques jours plus tard ce déplorable exemple.

Comment une place aussi bien fortifiée que Longwy et pourvue d'une bonne garnison, n'opposa-t-elle pas à l'ennemi une plus longue résistance? C'est que le duc de Brunswick, pressé d'en finir avec ces places, avait eu recours au mode d'attaque proscrit par les ingénieurs français du XVIII<sup>e</sup> siècle, mais très-souvent employé en Allemagne depuis Coëhorn; système que le duc venait de pratiquer avec un grand succès contre la Hollande en 1787, et qui ne peut guère manquer de réussir dans les pays en proie à la discorde.

Jomini nous décrit en ces termes ce qui se passa à Longwy (1) :

« Le 20 août, l'avant-garde se porta à *Villiers*
« *la Montagne*; l'armée suivit par lignes et in-
« vestit la place; le général Clerfayt prit poste à
« *Piermont* sur la droite de la *Chiers*, son aile
« gauche à *Cosne*, la droite au ravin qui s'étend
« de la place à *Grandville*.

« La forteresse de Longwy est un hexagone
« bastionné dont cinq demi-lunes couvrent au-
« tant de fronts; le sixième est protégé par un
« ouvrage à cornes. La demi-lune du côté de *la*
« *ferme de la Colombe* et celle de *la porte de*
« *France* sont couvertes par des lunettes; la
« place, d'une petite étendue, a tous ses éta-
« blissements voûtés à l'épreuve de la bombe.
« Le mont *du Chat*, qui en est à deux mille pas,
« la domine. Si cette hauteur était retranchée,
« Longwy serait susceptible d'une bien plus
« longue résistance. »

« Le gouverneur ayant répondu négativement
« à la sommation qui lui fut faite, le colonel

(1) *Histoire critique des guerres de la Révolution.*

« d'artillerie Tempelhoff eut ordre de bombar-
« der la ville. Le 21, à l'entrée de la nuit, il fit
« établir une batterie de deux obusiers et de
« quatre mortiers dans le ravin, à gauche de *la*
« *Colombe*, et commença le feu, qui dura depuis
« dix heures du soir jusqu'à trois heures du
« matin. Une obscurité profonde empêchait de
« calculer les distances ; les pluies qui duraient
« depuis longtemps redoublèrent; le temps était
« affreux, et il fallut discontinuer.

« Le 22, à cinq heures, l'attaque recom-
« mença; et à huit, malgré la vivacité du feu
« de l'assiégé, plus de trois cents bombes étaient
« tombées dans la place : un magasin était la
« proie des flammes. Cependant le désordre
« s'était introduit dans la garnison, composée
« de deux bataillons de volontaires et d'un de
« ligne, qui ne s'accordaient pas entre eux. Le
« commandant, homme faible, désespérant de
« pouvoir prolonger sa résistance, accepta *un*
« *peu légèrement* la capitulation que l'on venait
« de lui offrir pour la seconde fois : la garnison
« sortit le 24 et fut prisonnière.

« La facilité de la conquête de Longwy et la
« nouvelle de la fuite de Lafayette ne firent
« qu'accroître les espérances des alliés. Si la dé-

« fection commençait à se mettre parmi les chefs
« mêmes de la Révolution, le découragement
« de l'armée française devait être à son comble
« et le succès de l'invasion paraissait infail-
« lible. »

Voici donc un mode d'attaque inconnu aux
Français, et qui, à la suite du tir de six bouches à feu
pendant huit heures, fit tomber une place fortifiée par Vauban, pourvue d'une garnison suffisante, et dont la bourgeoisie était animée d'un
bruyant enthousiasme pour la liberté. Un pareil
résultat devait être fort inattendu ; aussi faut-il
en conclure que ce système pourra s'employer
avec un immense avantage dans des circonstances
analogues.

Les comptes rendus de Jomini nous sont précieux, en ce qu'ils nous présentent les faits au
point de vue des Alliés, et semblent avoir été rédigés sur des documents pris dans leur camp.
Nous aurons soin de les mettre, autant que nous
le pourrons, en regard des rapports et documents
français, afin de donner une idée plus exacte et
plus complète des événements.

Après la prise de Longwy, le duc de Brunswick
resta pendant six jours sous les murs de cette
place, pour attendre que l'investissement de

Thionville fût opéré. Il ne se mit en marche que le 29 août et arriva le 30 devant Verdun.

## BOMBARDEMENT DE VERDUN,

### Par les Prussiens, en 1792.

Dans les circonstances graves où le plaçait l'invasion, le gouvernement démocratique de la France travaillait à exalter les masses et à développer le fanatisme de la liberté. A la séance du 29 août, le député Choudieu annonça qu'il avait reçu des nouvelles de Verdun ; que l'ennemi n'était pas loin de cette place ; que l'on avait pris des mesures pour l'arrêter ; que les écluses avaient été ouvertes ; enfin que la garnison, qui n'était pas nombreuse, ne voulait pas suivre l'exemple de celle de Longwy.

Le ministre de la guerre, Servan, vint annoncer, le lendemain, que Dumouriez avait renforcé de deux bataillons la garnison de Verdun, et que cette garnison se trouvait ainsi portée à 4,000 hommes, non compris la garde nationale et une foule de courageux citoyens qui se jetaient dans cette place pour aider à la défendre : tout y était disposé pour la lutte la plus acharnée.

Le bataillon de volontaires de Maine-et-Loire

qui se trouvait dans la place , avait déclaré qu'il
périrait jusqu'au dernier homme, avant de songer à se rendre.

Ces nouvelles, qui excitaient les applaudisse-
ments de l'assemblée, inspiraient à tous la confiance la plus absolue dans le succès de nos
armes ; et personne ne doutait que la forteresse
ne dût s'immortaliser par une longue résistance.
Cet espoir fut encore malheureusement déçu :
l'issue de l'attaque fut la même que celle de
Longwy, et Jomini nous en donne le récit suivant :

« L'armée prussienne s'établit sur les hauteurs
« de la *côte Saint-Michel*, à deux mille pas de la
« ville, que l'on investit aussitôt ; les deux lignes
« campèrent entre *Fleury* et *Grand-Bras* , le
« corps d'avant-garde était à *Bellevue*, Clerfayt
« à *Marville*, reconnaissant Montmédy et Juvi-
« gny.

« Verdun fut sommé. Cette place a dix bas-
« tions liés par des courtines mal couvertes (1) ;
« les fossés sont profonds, et l'on a élevé des
« ouvrages à cornes sur les deux rives de la

(1) Sans doute des fronts à petites demi-lunes, comme celles du premier
tracé de Vauban.

« Meuse. La citadelle est un pentagone irrégu-
« lier entouré d'une fausse braie ; les courtines
« en sont couvertes par des tenailles et des demi-
« lunes. Tous ces ouvrages sont en mauvais
« état ; quoique cette place se trouvât au milieu
« de la trouée entre la Meuse et la Moselle, on
« avait renoncé à l'entretenir, ne la considérant
« que comme place de dépôt. La garnison, forte
« de 3,000 hommes, n'était pas suffisante ; et des
« paysans armés pour la compléter devaient plus
« contribuer à en accélérer la reddition qu'à
« l'empêcher.

« Le 31 août, on jeta un pont sur la Meuse ;
« le général Kalkreuth passa cette rivière avec
« huit bataillons et quinze escadrons : la posi-
« tion de ce corps complétait l'investissement.

« A six heures du soir, on dressa trois batte-
« ries : la première, sur la hauteur de *Saint-*
« *Michel* ; la seconde, au camp de l'avant-garde,
« et la troisième, à celui du général Kalkreuth.
« Le bombardement commença aussitôt et dura
« jusqu'à une heure du matin ; il reprit le 1er
« septembre, depuis trois heures jusqu'à sept.
« Le commandant ayant été sommé, demanda
« vingt-quatre heures , qui lui furent accordées.

« Le 2 septembre, on mit à l'ordre les pré-

« paratifs pour une attaque de nuit ; mais elle
« n'eut pas lieu, car une partie de la bourgeoisie
« et de la garnison mutinée força le gouverneur
« à capituler. Ce brave, qui n'avait pas l'énergie
« d'imposer à des séditieux, en eut assez pour
« ne pas survivre à une capitulation prématurée
« et se brûla la cervelle. Son nom mérite d'être
« conservé ; il s'appelait Beaurepaire. La garni-
« son, qui n'était pas prisonnière, sortit le 3 et
« se réunit à Clermont au général Galbaud. »

Dans une notice sur Bousmard, le colonel du
génie Augoyat donne sur cette attaque quelques
détails que nous allons reproduire :

« Député de la noblesse du Barrois aux états
« généraux, M. de Bousmard siégea jusqu'à la
« fin à l'Assemblée constituante. Après la sépa-
« ration de cette assemblée, il revint à Verdun
« reprendre ses fonctions de chef du génie. La
« loi du 16 juillet 1791 avait rangé cette place
« parmi celles de 2e classe, auxquelles on n'atta-
« che qu'une importance secondaire, soit à raison
« de leur position, soit à raison de l'état impar-
« fait de leurs fortifications : Verdun était dans
« ce dernier cas. M. de Bousmard pensa, long-
« temps avant la déclaration de guerre, que les
« circonstances sortaient la place de Verdun

« de la classe où elle avait été reléguée. Sur sa
« demande, des travaux de défense y furent en-
« trepris ; il les poussa avec activité. Cependant
« le pouvoir exécutif et les généraux qui com-
« mandaient sur la frontière à l'époque où l'ar-
« mée prussienne allait la franchir, semblaient
« ne pas prévoir le danger auquel Verdun pou-
« vait être exposé. Il ne s'y trouvait que 3,500
« hommes de garnison, commandés par le lieu-
« tenant-colonel Beaurepaire du bataillon de
« Seine-et-Marne. Quelques gardes nationaux
« mal armés des districts voisins y furent appe-
« lés après la reddition de Longwy.

« L'armée prussienne investit Verdun le
« 30 août : le 31, le duc de Brunswick somma
« le commandant de rendre la place. Sur son
« refus, il fit commencer le bombardement à
« onze heures du soir. Plusieurs maisons furent
« endommagées ; quelques-unes, en petit nom-
« bre, brûlèrent. Le conseil de défense, dont
« faisait partie M. de Bousmard, avec plusieurs
« jeunes officiers patriotes sans expérience de
« la guerre, consentit, le 1er septembre, à ce
« que la municipalité envoyât un message au
« duc de Brunswick, pour le prier de faire la
« guerre d'une manière moins désastreuse pour

« les citoyens. Ce message allait partir à cinq
« heures du matin, lorsqu'un parlementaire fut
« introduit, demandant la capitulation de la
« place dans les vingt-quatre heures et propo-
« sant une suspension d'armes; il apportait en
« outre une lettre adressée aux chefs des habi-
« tants et aux notables de la ville. Le conseil de
« défense repoussa la capitulation; mais il arrêta
« que la lettre du duc serait lue dans une assem-
« blée du conseil général de la commune, en
« présence de trois commissaires du conseil.

« Le bombardement recommença : le désordre
« fut à son comble dans la ville. Des attroupe-
« ments se formèrent autour de la maison com-
« mune, où les membres des corps administra-
« tifs et judiciaires étaient réunis au nombre de
« vingt-trois. Là, une délibération fut prise et
« transmise au conseil de défense, énonçant dif-
« férents motifs pour accepter la capitulation
« qui était proposée. A trois heures, Beaure-
« paire fit prévenir le duc de Brunswick qu'avant
« l'expiration des vingt-quatre heures, il lui
« ferait parvenir une réponse définitive aux con-
« ditions de la capitulation. Le lendemain, 2 sep-
« tembre à trois heures du matin, il se brûla
« la cervelle : M. de Neyron, lieutenant-colonel

« du 2ᵉ bataillon de la Meuse, prit le comman-
« dement de la place.

« A cinq heures, le conseil de défense s'as-
« sembla et opina à ce que la place fût rendue
« dans les vingt-quatre heures, par plusieurs
« considérations empruntées aux rapports des
« chefs de l'artillerie et du génie...

« La Convention honora la mémoire de Beau-
« repaire. M. de Neyron porta sa tête sur l'écha-
« faud : Bousmard émigra pour sauver la
« sienne. »

Nous reproduisons, d'après le *Moniteur*, la
délibération du conseil de défense de Verdun,
en date du 1ᵉʳ septembre :

« Le conseil militaire, considérant qu'il est
« bien plus avantageux à la nation de conserver
« les 3,500 hommes qui composent la garnison
« de Verdun, avec leurs armes et leurs bagages,
« que de faire une résistance qui ne retarderait
« que de quelques jours la prise de la place et
« qui l'exposerait à une ruine totale; considé-
« rant que sa reddition, dans l'état où elle se
« trouve, est conforme, sinon à la lettre, du
« moins à l'esprit du décret du 26 juillet; qu'il
« est impossible d'atténuer les effets terribles de

« la bombe, attendu la supériorité du terrain sur
« lequel les ennemis font jouer ce mobile; que
« la plus grande partie des remparts est sans
« parapets; qu'il n'y a, au dehors de la place,
« ni chemins couverts, ni traverses, ni contre-
« scarpes; qu'une autre partie est hors d'état de
« soutenir longtemps l'effet de l'artillerie, et
« qu'elle peut être considérée comme une grande
« brèche; qu'il n'y a ni retranchement intérieur
« ni moyen d'en pratiquer; qu'il n'y a que
« 32 pièces de canon et un seul canonnier expé-
« rimenté pour le service de chaque pièce; con-
« sidérant aussi l'état de désespoir où se trouvent
« les citoyens à la vue de l'incendie de leurs
« maisons, etc., etc., accepte la capitulation pro-
« posée. »

Le conseil général du district et de la commune motive son acceptation sur ce que la loi du
26 juillet n'était pas applicable au cas actuel,
attendu que, *dans l'attaque de la place, il n'est*
*question ni de brèche ni d'assaut; mais que l'on ne*
*paraît s'attacher qu'à incendier les maisons des ha-*
*bitants, et que le bombardement de douze heures qui*
*vient d'avoir lieu peut être regardé comme une*
*brèche...*

Lorsqu'un gouverneur et son conseil se trouvent

dans une position aussi critique que celle des défenseurs de Verdun, à défaut de bonnes raisons pour justifier leur conduite, ils en produisent de mauvaises. On ne saurait assimiler à une grande brèche une partie des remparts que l'on juge *hors d'état de soutenir longtemps l'effet de l'artillerie*, surtout dans le cas où l'assiégeant ne s'en prend pas à l'enceinte. Cette même observation s'applique au mauvais état des dehors, et au défaut de traverses et de retranchements intérieurs : l'insuffisance de ces ouvrages ne pouvant exercer de l'influence que sur la durée d'un siége régulier. Il importe également fort peu que le terrain sur lequel sont établies les batteries de mortiers soit plus ou moins élevé par rapport à la fortification. Aucune de ces raisons n'était admissible. Il y avait cependant une circonstance réellement atténuante à faire valoir en faveur de cette capitulation si prématurée : c'est le nombre minime de 32 pièces allouées à la place pour soutenir un siége.

Ne semble-t-il pas que l'on reconnaisse, dans la faiblesse de cet armement, une conséquence du peu de cas que faisait Cormontaingne du rôle des bouches à feu dans la défense ? Bousmard, chef du génie, obtint des fonds pour améliorer l'enceinte de sa place : s'il ne demanda pas un plus grand nombre de canons pour garnir ses remparts, c'est que l'enseignement de sa jeunesse lui avait laissé ignorer l'étroite solidarité qui existe entre le génie et l'artillerie dans la guerre des siéges ; de même qu'il était très-loin de se douter que la ville serait attaquée par un bombardement, *que les effets de la bombe sont terribles et que la ruine totale de la ville peut en être la conséquence*. Vauban n'avait-il pas dit tout le contraire en 1702 ?

Il fallut à Bousmard la leçon de la capitulation de Verdun pour lui ouvrir les yeux et lui faire reconnaître que *l'artillerie est le principal agent de la défense des places ; puisqu'il n'y a qu'elle qui puisse percer les parapets des tranchées, endommager les épaulements des batteries, raser les parapets des sapes, en balayer la tête*, et par conséquent, retarder ou même empêcher le bombardement.

La conviction qu'il acquit dans cette circonstance de la difficulté de résister à une attaque incendiaire, le porta même à douter de la nécessité des fortifications dans les États libres.

« Les peuples modernes, dit-il, en fortifiant

« les villes à l'instar des anciens, font en cela,
« comme en bien d'autres choses, un contre-
« sens à la fois politique et militaire (1). Chez
« les anciens, les citoyens d'une ville assiégée
« perdaient tout par sa prise : leurs biens, leur
« liberté, celle de leurs femmes et de leurs en-
« fants. Telles étaient leurs mœurs; telles sont
« même aujourd'hui celles de tous les peuples
« parmi lesquels l'esclavage domestique est en-
« core en vigueur. Là, comme chez les anciens,
« les habitants des villes fortifiées les défendent
« jusqu'à la mort.

« Il en est autrement chez nos peuples mo-
« dernes chrétiens et civilisés. Les bourgeois
« d'une ville assiégée ne risquent, par sa prise,
« de perdre, ni la vie, ni la liberté, ni la moin-
« dre partie de leurs biens. Ils risquent au con-
« traire par sa défense, pour peu qu'elle se pro-
« longe, de voir ruiner leur fortune, détruire
« leurs maisons, écraser sous leurs débris leurs
« femmes et leurs enfants, et de périr eux-
« mêmes, par le feu, le fer et la famine. Aussi,
« dès les premiers moments du siége, leurs

(1) Napoléon, dans ses mémoires, a réfuté avec une grande supériorité de raison l'idée de Bousmard d'établir les forteresses en rase campagne; il la considère comme un rêve d'ingénieur. Son avis, au contraire, est que le meilleur usage que l'on puisse faire de la fortification, est d'en entourer les grandes capitales.

« vœux, leur détermination ne sont rien moins
« que douteux ; et l'attaque est à peine com-
« mencée, que déjà ils soupirent pour la reddi-
« tion de la place.

« Si l'on me dit que c'est la faute de nos con-
« stitutions modernes, où le peuple, compté pour
« rien, compte pour rien, à son tour, l'avantage
« de vivre sous tel gouvernement plutôt que
« sous tel autre ; qu'il n'est question que de le
« rendre libre, comme l'étaient les peuples an-
« ciens, pour le voir faire comme eux des pro-
« diges dans la défense des places ; si l'on me
« dit tout cela, je répondrai qu'à moins que le
« peuple de la ville assiégée ne soit, par la con-
« quête, menacé de perdre immédiatement son
« commerce et ses moyens de subsister, ou sa
« religion, s'il y est sincèrement attaché, vous
« ne lui verrez faire aucun effort pour défendre
« la place. L'intérêt présent de sauver sa maison
« et sa fortune, pour continuer d'en jouir paisi-
« blement sous des lois équitables, sous des
« chefs dont les mœurs ne diffèrent pas sensi-
« blement des siennes, l'emportera bientôt sur
« le petit enthousiasme factice de se dire libre
« sous un gouvernement pire souvent que le
« plus dur despotisme ! *Un pareil enthousiasme*
« *n'est rien moins qu'à l'épreuve de la bombe ; et*

« *quand celle-ci tombe sur la ville assiégée, les*
« *amis de la constitution et de la liberté ne sont*
« *bientôt plus que les amis de leurs maisons et de*
« *leurs boutiques.*

« Il y a plus; dans cette sorte d'États politi-
« ques, le peuple de la ville assiégée et ses ma-
« gistrats ont bien une autre influence sur la gar-
« nison que dans les pays où celle-ci ne recon-
« naît qu'un roi, qu'un maître. Ce sera bien pis
« si ce peuple est armé ou s'il a le droit de l'être.
« Il imposera plus à la garnison que l'armée
« assiégeante. Dans un tel pays, je le prédis
« hardiment, aucune place attaquée ne fera une
« défense passable ; car, ou la bourgeoisie vou-
« dra que l'on se rende, et alors il le faudra
« bien ; ou elle voudra que l'on se défende, et
« alors elle en empêchera; car à force de se
« mêler de tout et de prétendre à tout diriger,
« elle mettra le désordre partout. »

*Essai général de fortification, discours préliminaire.*

On reconnaît certainement tout ce qu'il y a
de juste dans cette opinion, à laquelle les chutes
d'une foule d'autres places au centre de l'Europe,
sont venues quelques années plus tard donner
d'éclatantes confirmations, même dans des pays
où les peuples dévoués à leurs souverains,

n'étaient pas agités, comme la France, par l'esprit de révolution et de désordre. A l'époque où
Verdun succomba, l'indiscipline régnait partout,
jusque dans l'armée; et le gouvernement démocratique qui se méfiait des chefs militaires,
entravait leur action et celle des conseils de
défense, en subordonnant leur autorité à celle
d'un conseil exécutif composé de magistrats
municipaux et de bourgeois. Cette prédominance
donnée à l'autorité civile dans des circonstances
très-graves, ne devait produire que les plus
funestes effets. Une pareille institution ne pouvait être durable dans un pays jaloux de son indépendance. C'est ce que comprit la Convention
dès qu'elle fut entrée en possession du pouvoir.
Elle envoya sur tous les points des frontières
des représentants du peuple pris dans son sein,
et dont la puissance dictatoriale devint bientôt
la terreur des armées et des places fortes.

Les habitants de Verdun, sous ce régime sans
pitié, ne tardèrent pas à expier l'acte de faiblesse
dont ils s'étaient rendus coupables :

« L'armée française entra le 12 octobre sui-
« vant dans cette ville, dit Jomini, moins pour la
« délivrer que pour la punir. Les commissaires
« de la Convention établirent un comité inqui-

« sitorial, et provoquèrent un décret qui la
« déclara traître à la patrie. Plusieurs jeunes
« demoiselles qui avaient présenté des fleurs au
« roi de Prusse à son arrivée, furent traduites
« plus tard au tribunal révolutionnaire et con-
« damnées à mort. Exemple barbare à la vérité,
« mais digne de ces premiers temps de Rome que
« l'on nous apprend de si bonne heure à ad-
« mirer ! »

### ATTAQUE DE THIONVILLE,

#### Par les Autrichiens, en 1792.

**Les** exemples donnés par deux forteresses que
l'on croyait susceptibles d'une longue résistance
jetèrent une profonde consternation dans le pays.
Toutes deux venaient de succomber à l'emploi
du bombardement, genre d'attaque tellement dé-
crié par l'école française, que l'on en avait tota-
lement perdu le souvenir, et que, suivant l'expression de Carnot, *c'était pour nous une chose
toute nouvelle*. Il importait donc au salut de la
France que des faits d'une nature tout opposée
vinssent relever l'opinion abattue et faire re-
naître la confiance, dût-on même recourir à
l'exagération pour en tirer meilleur parti. Les
Autrichiens ne tardèrent pas à nous fournir ces

occasions désirées ; et nous verrons bientôt qu'elles furent très-habilement exploitées par la Convention.

En même temps que le duc de Brunswick se dirigeait sur Verdun, le prince de Hohenlohe Kirchberg, à la tête d'un corps autrichien de 16,000 hommes , fut joint à *Remich* par un corps d'émigrés, et arriva le 30 août devant Thionville. L'investissement eut lieu le même jour que celui de Verdun ; mais l'issue du siége ne fut pas la même.

Il faut se garder de consulter les documents de l'époque pour se faire une juste idée de cette attaque infructueuse. Nous empruntons les détails que l'on va lire à l'*Histoire de Thionville écrite par G. S. Teissier, sous-préfet de l'arrondissement , Metz ,* 1828. Nous y joindrons quelques renseignements fournis par Chateaubriand, qui faisait partie du corps d'émigrés chargé de prendre part à l'attaque.

« Le siége de Thionville en 1792, dit Teissier,
« a été, si l'on en croit la plupart des écrivains
« des guerres de la révolution, d'une part, une
« attaque longue, acharnée et dans laquelle les
« lois de la guerre n'ont pas même été res-
« pectées ; d'autre part, une défense opi-
« niâtre, où l'on voit se développer dans une

« population irritée de ses désastres, les senti-
« ments si vantés des guerriers de l'antiquité.

« L'histoire de cette ville, écrite sous la dictée
« de témoins oculaires, ne peut copier les bul-
« letins révolutionnaires dont on se servait pour
« exalter l'imagination du peuple. C'est assez
« que le prétendu incendie de Thionville, la
« destruction de ses remparts, la ruine de ses
« habitants aient été peints pour les Parisiens
« dans les bruyantes scènes des boulevards ;
« que des gravures aient fixé sur le papier ses
« épouvantables désastres; qu'enfin une foule de
« compilateurs aient fait passer ces rêveries
« dans leurs écrits.

« La vérité toute simple et tout entière est
« qu'à la suite de ce siége, la ville n'avait pas
« une dégradation de cinquante francs; il n'y
« eut ni incendie, ni commencement d'in-
« cendie...

« La reddition immédiate de Longwy et de
« Verdun fut pour les alliés le présage de celle
« de Thionville; ce fut probablement cette opi-
« nion qui fit juger superflue une attaque dans
« les formes.

« Après avoir complété l'investissement, le

« général assiégeant attendit jusqu'au 5 sep-
« tembre pour faire sommer la place ; le conseil
« de guerre réuni aux corps administratifs ré-
« pondit qu'*à part toute opinion, un ensemble de*
« *gens d'honneur ne pouvait poser les armes sur de*
« *simples invitations qui n'étaient que des menaces.*
« Cette dernière phrase parut renfermer un sens
« profond ; on l'interpréta, et l'on jugea au quar-
« tier général d'*Hettange-la-Grande*, que pour
« mettre à couvert la responsabilité des chefs
« militaires et civils, il fallait simuler une atta-
« que de vive force, à la suite de laquelle ils
« pussent capituler.

« Dans la soirée du mercredi 5 septembre, des
« batteries à découvert furent placées d'une
« part sur la hauteur qui domine le village de
« *Haute-Yutz* près de la chapelle *Hennequin*,
« de l'autre près du hameau de *la Briquerie*. On
« commença à tirer à minuit vingt minutes ; le
« feu cessa à la naissance du jour : l'artillerie
« des remparts rendit coup pour coup et dé-
« monta plusieurs pièces. Cette attaque si
« bruyante, qui fit cacher les femmes et les
« enfants dans les plus profonds caveaux, ne
« coûta la vie à personne chez les assiégés : elle
« ne mit le feu nulle part.

« Néanmoins, si l'on en croit le général Wimp-
« fen, gouverneur, dans ses premiers rapports
« officiels, la ville était foudroyée par une artil-
« lerie formidable de gros canons, d'obusiers et
« de mortiers ; et les alliés entremêlaient leurs
« batteries de manière à envelopper la place de
« tous les genres de feu. Si l'on en croit nos
« historiens, les Thionvillois voyaient arriver les
« projectiles sans plus d'émotion que les joueurs
« ne reçoivent des balles de paume. *Le sang-froid*
« *des habitants était extrême au milieu d'une pluie*
« *de bombes et de feu ; aucun incendie n'éclata,*
« *malgré les nombreux artifices qui furent lancés*
« *sur Thionville : les habitants savaient éteindre si à*
« *propos les mèches des bombes et obus, qu'ils*
« *couraient peu de dangers.*

« L'aurore du 6 septembre arriva, alors cessa
« l'attaque.

« Voilà ce siége exalté par M. de Jouy dans
« *l'Hermite en province,* et par tant d'autres qui
« ont puisé leurs matériaux dans les déclama-
« tions officielles dont la tribune de la Conven-
« tion retentissait. M. de Wimpfen lui-même
« avait aidé à cette renommée ; plus tard il s'en
« repentit et réduisit les événements à ce qu'ils
« étaient en effet. *La ville a été bombardée,* écri-

« vait-il dans une lettre imprimée adressée le
« 5 février 1793 à Pache, ministre de la guerre,
« *mais durant deux heures et demie ; et pas une*
« *toise de toiture n'a été brûlée, pas un dégât de*
« *dix écus n'a affligé aucun propriétaire.* »

Si les administrés de M. le sous-préfet Tessier
se fussent comportés comme des héros en 1792,
il se serait plu à faire ressortir leur valeur :
l'amour seul de la vérité l'a porté à tenir un
autre langage.

La circonstance du peu de durée de l'attaque
est confirmée par une lettre de Thionville que
Merlin lut à la Convention, dans la séance du
26 septembre.

« . . . . . Pendant que nos ennemis fai-
« saient feu sur nous, nos citoyens étaient d'un
« sang-froid et d'une tranquillité admirables ; on
« n'entendait pas une femme dire un seul mot. . .
« L'ennemi est toujours campé au-dessous des
« bois de *Winneranche,* mais nous ne le crai-
« gnons pas. Je ne sais qui a si mal informé
« Carra, pour qu'il ait mis dans son journal que
« le feu n'a duré qu'un quart d'heure et que
« nous n'avons reçu que trois bombes. *Il a*
« *commencé à minuit et n'était pas fini à deux heu-*
« *res.* Nous avons reçu plus de mille bombes et

« trouvé 80 obus du poids de onze livres cha-
« cun. »

Cette dernière phrase contient évidemment une
exagération ; car pour tirer mille bombes en
deux heures, il n'eût pas fallu moins de cent
mortiers, et le corps autrichien était loin de les
posséder.

Fidèle à notre habitude de reproduire un récit
pris dans chaque parti, nous empruntons à Chateaubriand la narration de l'attaque nocturne de
Thionville.

« Le bruit se répandit que nous allions en
« venir à une action ; le prince de Waldeck allait
« tenter un assaut, tandis que traversant la ri-
« vière, nous ferions diversion par une fausse
« attaque sur la place, du côté de la France.

« Cinq compagnies bretonnes, la mienne com-
« prise, les compagnies de Picardie et de Navarre,
« le régiment des volontaires furent commandés
« de service. Nous devions être soutenus de
« Royal-Allemand, des escadrons de mousque-
« taires et des différents corps de dragons qui
« couvraient notre gauche. Nous avions trois
« compagnies d'artillerie autrichienne avec des
« pièces de gros calibre et une batterie de *trois*
« mortiers.

« Nous partîmes à six heures du soir ; à dix
« nous passâmes la Moselle au-dessus de Thion-
« ville sur des pontons de cuivre :

> *Amœna fluenta*
> *Subterlabentis tacito rumore Mosellœ.*
>
> AUSONE.

« Au lever du jour, nous étions en bataille
« sur la rive gauche, la grosse cavalerie s'éche-
« lonnant aux ailes, la légère en tête. . . Après
« une halte assez longue, nous reprîmes notre
« route et nous arrivâmes à l'entrée de la nuit
« sous les murs de Thionville.

« Les tambours ne battaient point, le com-
« mandement se faisait à voix basse. La cava-
« lerie, afin de repousser toute sortie, se glissa
« le long des chemins et des haies jusqu'à la
« porte que nous devions canonner. L'artillerie
« autrichienne protégée par notre infanterie prit
« position à vingt-cinq toises des ouvrages
« avancés, derrière des gabions épaulés à la
« hâte. A une heure du matin, le 6 septembre,
« une fusée lancée du camp du prince de Wal-
« deck de l'autre côté de la place donna le
« signal. Le prince commença un feu nourri
« auquel la ville répondit vigoureusement : nous
« tirâmes aussitôt.

« Les assiégés ne croyant pas que nous eus-

« sions des troupes de ce côté et n'ayant pas
« prévu cette insulte, n'avaient rien aux rem-
« parts du midi ; nous ne perdîmes pas pour
« attendre. La garnison arma une double bat-
« terie qui perça nos épaulements et démonta
« deux de nos pièces. Le ciel était en feu ; nous
« étions ensevelis sous des torrents de fumée.

« A quatre heures du matin, le tir du prince
« de Waldeck cessa : nous crûmes la ville ren-
« due ; mais les portes ne s'ouvrirent point et
« il nous fallut songer à la retraite. Nous ren-
« trâmes dans nos positions après une marche
« accablante de trois jours. »

*Mémoires d'Outre-tombe.*

Nous avons cru devoir donner les détails qui
précèdent sur cette insignifiante attaque, parce
que les orateurs de club, les folliculaires et les
compilateurs ne sont pas les seuls qui aient présenté cet événement sous les plus fausses apparences. Des ingénieurs qui sont les oracles de la
science, des officiers du plus grand mérite, qui
ont droit d'être crus sur parole et qui, par cette
raison, ne devraient jamais altérer la vérité dans
l'intérêt d'un système, nous citent l'affaire de
Thionville comme l'exemple de la résistance héroïque que l'on doit opposer à un bombardement

à outrance. En tenant ce langage, d'Arçon espérait justifier les théories de ses maîtres qui amoindrissent autant que possible l'action de l'artillerie ; et Carnot, ainsi que nous l'avons vu, voulait inspirer aux gouverneurs de nos places le courage de résister à des attaques de cette nature. Ce motif patriotique doit lui servir d'excuse ; mais nous demandons à nos lecteurs quel cas on doit faire de théories qui se basent sur de pareilles erreurs.

### BOMBARDEMENT DE LILLE,

#### Par les Autrichiens, en 4792.

Tandis que les Prussiens s'avançaient sur le territoire de France, le duc Albert de Saxe-Teschen, commandant l'armée autrichienne en Flandre, voulut de son côté entreprendre une diversion dans l'intérêt commun et attaquer une place française. Malheureusement pour le succès de ses armes, il choisit la forteresse de Lille, quoique le faible effectif des troupes dont il disposait et l'insuffisance de son artillerie, eussent dû le détourner d'une pareille entreprise. Voici le compte que Jomini rend de l'expédition :

« Cette ville importante, industrieuse, peuplée

« de 60,000 âmes, située sur la *Deule*, près du
« confluent de la *Lys*, dans une contrée riche et
« fertile, est la place d'armes la plus importante
« du Nord. Son enceinte de quatorze bastions,
« est entourée de la *Deule* qui ajoute à sa force :
« la citadelle passe pour être le chef-d'œuvre de
« Vauban. La défense que M. de Boufflers y avait
« faite en 1708, contre les efforts réunis d'Eu-
« gène et de Marlborough, aussi glorieuse pour
« les armes de France qu'instructive pour tout
« homme de l'art, n'était pas d'un heureux pré-
« sage pour le duc ; mais il fallait attaquer une
« place quelconque, et il crut avoir de puissants
« motifs pour s'attacher de préférence à celle-ci.

« L'espoir de trouver des partisans partout où
« il se présenterait, fut un des plus grands argu-
« ments dont les émigrés se servirent pour ani-
« mer les généraux allemands ; et le gouverneur
« des Pays-Bas fut séduit, comme tant d'autres.
« Trop confiant dans leurs promesses, il calcula
« qu'il convenait de se présenter devant une
« place dont les habitants seraient beaucoup
« plus forts que la garnison.

« Cependant, sous les rapports militaires,
« cette entreprise paraissait hasardée. La place
« était abondamment approvisionnée ; et vu la

« faiblesse de l'armée assiégeante, on ne pou-
« vait pas même se flatter de l'investir. La gar-
« nison, quoique composée dans le principe de
« 6,000 hommes seulement, fut bientôt portée à
« 10,000 par les renforts successifs qui lui arri-
« vèrent. Le général Duhoux, dévoué à la nou-
« velle constitution, y commandait ; il était zélé,
« actif et intelligent. Si les soldats n'étaient pas
« aguerris, ils suppléaient à ce qui leur man-
« quait d'expérience par un grand enthou-
« siasme. Les ouvrages se trouvaient en bon
« état ; et la population sur laquelle comptait
« tant l'ennemi, partageait l'ardeur des troupes.

« Dénué de moyen pour pousser un siége ré-
« gulier, sourd à toutes les représentations des
« chefs de l'artillerie et du génie, le duc Albert
« persista à vouloir entreprendre avec 15,000
« hommes et 50 pièces de canon, ce que les plus
« grands capitaines avaient à peine exécuté avec
« une armée formidable et un attirail de 80 mor-
« tiers et 120 pièces de siége.

« L'armée impériale partit le 24 septembre de
« son camp, près de Tournay, et s'établit entre
« *Lezenne* et *Mons en Bareuil* : le quartier général
« à *Annape*.

« Le général Starray délogea, le lendemain,

« les Français du faubourg de *Fives* qui parut
« propre à l'établissement des batteries de mor-
« tiers ; et le comte de Brown, chargé de la con-
« duite des attaques, fit ouvrir la tranchée en
« arrière de ce faubourg par les colonels du génie
« Chasteler et Duhamel de Querlonde.

« Cinq batteries armées de 30 pièces ayant
« été achevées dans la nuit du 28 au 29, le duc
« envoya le baron d'Aspre sommer la ville. Le
« général et la municipalité répondirent à ses
« menaces avec noblesse : le parlementaire fut
« reconduit par le peuple aux acclamations mille
« fois répétées de *vive la nation*, *vive la liberté!*
« mais, d'ailleurs, avec tous les égards dus au
« caractère dont il était revêtu.

« A peine a-t-il atteint ses avant-postes, que
« les batteries jouent avec fracas. La place y ré-
« pond avec vivacité. Bientôt le feu se manifeste
« en plusieurs endroits ; et avant la fin du jour
« l'église de *Saint-Etienne* et les maisons adja-
« centes deviennent la proie des flammes...

« Pendant sept jours et sept nuits, le bombar-
« dement continua avec une effroyable activité :
« toutes les calamités qui en résultèrent n'ame-
« nèrent cependant pas la soumission à laquelle
« le duc Albert s'était attendu... Le feu se ra-

« lentit dans les derniers jours, et l'incendie
« exerça ses ravages avec moins d'intensité.
« Enfin, le 8 au matin, l'armée autrichienne
« leva le siége. »

D'après le colonel du génie anglais J. Jones,
le duc de Saxe aurait lancé sur la ville 6,000
bombes et 30,000 boulets rouges. La ville de
Longwy, dont la surface est de 13 hectares, avait
succombé par le tir de 300 bombes. Lille, avec
ses 20 côtés et sa superficie de 339 hectares, sup-
porta un bombardement bien plus intense, puisqu'elle résista à la chute de 36,000 projectiles.

Ces deux faits semblent en opposition avec un
principe que nous avons reconnu dans notre première partie; c'est que le bombardement fait capituler les villes avec d'autant plus de facilité
qu'elles sont plus populeuses.

Si Longwy a cédé, c'est que les bombes tombaient sur tous les points de sa surface : il n'y
avait pas le moindre abri pour les habitants, qui
passèrent tout à coup du bruyant enthousiasme
de la liberté au plus profond désespoir.

Mais il n'en a pas été de même à Lille, parce
que l'attaque y fut conduite tout autrement; et
pour nous en convaincre, nous consulterons la

*Relation du siége* écrite par le capitaine du génie Marescot, devenu plus tard général de division.

« Le quartier *Saint-Sauveur*, plus immédiate-
« ment exposé aux coups, devint, nous dit-il,
« le foyer de l'incendie le plus violent. Une pluie
« extraordinaire de bombes et d'obus le rendait
« inaccessible aux secours les plus intrépides...
« Ne pouvant y éteindre les flammes, on se bor-
« nait à mettre un terme à leurs progrès, et à les
« empêcher de franchir les rues qu'on leur avait
« fixées pour limites. »

Ces limites étaient déterminées par la chute des projectiles creux ; en effet, Marescot ajoute :

« La portée des bombes ne s'étend pas au delà
« du *marché aux Poulets* et de la *place Rihour*. »

Dans leurs attaques de Longwy et de Verdun, les Prussiens agissant d'après de meilleurs principes, avaient débuté par bloquer hermétiquement ces villes, afin d'empêcher les habitants d'en sortir, et avaient réparti leurs mortiers en plusieurs batteries, de manière à pouvoir faire tomber les bombes sur toute la surface.

Or, les Autrichiens n'avaient pas agi de même à l'égard de Lille, malgré son étendue : ils avaient mis tous leurs mortiers dans la même

parallèle en avant d'un village, et à 600 mètres
environ des saillants ; de sorte que les projectiles
creux ne tombaient que sur un seul quartier. En
joignant par une ligne droite sur le plan de la
ville la *place Rihour* et le *marché aux Poulets*, on
reconnaît que la majeure partie des rues et des
places étaient en dehors de la chute des bombes ;
la citadelle et son esplanade se trouvaient parfaitement à l'abri.

A la vérité, les boulets rouges arrivaient à peu
près partout ; mais ces projectiles communiquent
rarement le feu ; et comme on peut s'en approcher s'en danger, les Lillois se mettaient à leur
recherche, les saisissaient avec des pinces, et
les noyaient dans des baquets pleins d'eau.

L'instinct de la conservation avait attiré tous
les habitants dans la partie de la ville qui se
trouvait hors de l'atteinte des projectiles creux ;
et comme l'enceinte n'était pas investie, les personnes les plus effrayées avaient toute facilité de
sortir par les portes libres, et de se diriger vers
l'intérieur ; en même temps que les secours de
toute nature pouvaient arriver dans la place.

Marescot dépeint ainsi l'état de la ville après
le départ des Autrichiens.

« Le faubourg de *Fives* est incendié et rasé ;

« plus de sept cents maisons de la ville sont dé-
« vorées par les flammes, un grand nombre
« d'autres sont criblées de boulets, chancelantes
« et hors de service. Les incendies fument en-
« core dans plusieurs quartiers ; celui de *Saint-*
« *Sauveur* n'est plus qu'un amas confus de dé-
« combres, où l'œil découvre à peine la forme
« des habitations. »

Ce bombardement, aux effets duquel il a été
très-facile à la population de se soustraire, n'a
fait, en réalité, de victimes que parmi les im-
prudents qui traversaient les rues balayées par
les boulets et les obus, et parmi les habitants du
quartier soumis aux bombes et qui se crurent à
l'abri dans leurs caves. A part ces malheurs, la
sécurité générale fut si grande, qu'aucun murmure ne s'éleva dans la foule. Aussi la résistance
de Lille fut-elle glorifiée, outre mesure, par tous
les orateurs et les journalistes démocratiques de
l'époque. A leurs voix vinrent s'ajouter celles
des partisans de Cormontaingne ; et nous voyons
d'Arçon conclure hardiment de ce fait que les
bombardements ne nuisent qu'aux maisons, et
ne font pas de mal aux personnes. Mais les militaires à vues saines surent fort bien à quoi s'en
tenir sur ce point : ils comprirent que le cas de

Lille était exceptionnel ; et que cette attaque eût
pu avoir une solution toute différente , si les ennemis, après avoir investi la place, eussent dis-
tribué leurs batteries de mortiers en plusieurs
points du périmètre éloignés l'un de l'autre,
de manière à porter l'incendie sur toute la surface de la ville.

« Dans les circonstances actuelles, dit Ma-
« rescot, en terminant sa narration, la conduite
« des habitants de Lille a peut-être été décisive.
« Il est possible qu'un moment de faiblesse eût
« entraîné le démembrement de la France : si
« cette grande ville eût ouvert ses portes, il eût
« été à craindre que cet exemple donné par la
« plus forte place de la frontière du Nord, n'ait
« été que trop imité par les autres. »

C'est d'autant plus vrai, que des exemples de
capitulations prématurées venaient d'être donnés par deux autres places. Mais les Autrichiens
eurent grandement tort d'attaquer Lille avec
d'aussi faibles ressources en personnel et en matériel. Cet échec eut pour eux de très-graves
conséquences. Il servit, comme nous le verrons
bientôt, de prétexte aux Français pour bombarder leurs places des Pays-Bas et les leur ravir
avec une extrême facilité. Il contribua prodigieu-

sement à exalter chez nous la fièvre révolutionnaire, et à soulever l'opinion des masses contre
les étrangers que l'on dépeignait comme des can-
nibales. On peut affirmer que cette malencon-
treuse attaque ne deviendrait un jour profitable
à ceux qui l'ont entreprise, que dans le cas où
les Français, prêtant l'oreille à de fausses théories, se laisseraient persuader par cet exemple,
qu'ils ne doivent point bombarder les villes de
leurs ennemis.

## BOMBARDEMENTS DE BRÉDA,
### GERTRUYDEMBERG ET WILHEMSTADT,
#### Par les Français, en 1793.

Ces attaques furent les premières où les Français mirent en pratique les procédés incendiaires
dont leurs ennemis venaient de leur révéler la
puissance.

Dumouriez franchit la frontière de Hollande,
le 17 février; il étendit ses cantonnements depuis
Berg-op-Zoom jusqu'à Bréda; sa division de
droite, sous le commandement du général d'Arçon, reçut l'ordre d'attaquer cette dernière place,
tandis que l'avant-garde commandée par Moreau
se dirigeait sur Klundert et Wilhemstadt.

« Le général en chef résolut, dit Jomini, d'in-
« timider la place par des démonstrations de
« bombardement, et il y réussit au delà de ses
« espérances. Le général d'Arçon, sans ouvrir la
« tranchée, établit deux batteries de mortiers du
« côté du village de *Haye*; après un bombarde-
« ment de trois jours et au moment où les Fran-
« çais allaient se retirer faute de munitions, la
« place capitula. Cette reddition honteuse pour
« le comte de Byland, fut accélérée par l'adresse
« du général, qui envoya son aide de camp De-
« vaux sommer le gouverneur, en le menaçant
« de l'arrivée du général en chef et de toute l'ar-
« mée. Cette conquête facile valut à Dumouriez
« deux cents pièces de canon et une place en
« bon état. »

Nous extrayons d'autres détails d'une note
écrite sur cette affaire par le colonel du génie
Sénermont :

« Le général Dumouriez supposa que la place
« de Bréda, quoique bien armée, bien approvi-
« sionnée et défendue par une forte garnison, ne
« ferait pas une longue résistance. La faiblesse
« des moyens dont on pouvait disposer et le
« grand développement des fortifications, obli-
« gèrent les Français à réduire leurs batteries

« au nombre de deux, dont l'une d'obusiers près
« du moulin de *Teringen* pouvait porter les
« obus de plein fouet dans l'intérieur ; l'autre,
« assez près de la queue des glacis, était destinée
« à recevoir des mortiers qui projetteraient leurs
« bombes au centre même de la ville. Des mai-
« sons, des haies, des broussailles permettaient
« de communiquer avec ces points et d'y tra-
« vailler sans être aperçu.

« Le 23 février, le général d'Arçon fit sommer
« la place, et sur son refus de capituler donna
« l'ordre de commencer le feu. Comme l'appro-
« visionnement en bombes et en mortiers n'était
« pas grand, on le régla de manière à le faire
« durer le plus possible.

« Les deux batteries étant isolées et exposées
« aux décharges de tout ce qu'une place d'aussi
« vaste étendue peut réunir de pièces contre
« elles, essuyèrent un feu des plus terribles ;
« cependant comme elles avaient été construites
« avec des précautions et une solidité analogues
« à la circonstance, on fut assez heureux pour
« n'avoir que trois volontaires tués et un canon-
« nier blessé ; mais entre quatre et cinq heures,
« un obus de l'ennemi ayant mis le feu à une

« voiture de bombes chargées, les projectiles
« éclatèrent et la batterie cessa de tirer.

« Afin de profiter du peu de munitions qui
« restaient, le général d'Arçon régla que le feu
« commencerait à deux heures après minuit, et
« que l'on mettrait assez d'intervalle entre les
« coups pour le faire durer jusqu'au jour,
« époque à laquelle on devait faire de nouvelles
« sommations à la place.

« Les pourparlers s'établirent en effet dès le
« 24, et la capitulation fut signée le 25. Une qua-
« rantaine de maisons avaient été incendiées ou
« avaient beaucoup souffert du bombardement,
« et les habitants commençaient à murmurer
« de la résistance que le commandant de la
« place paraissait vouloir faire. Le général
« Dumouriez arriva le 27 ; il était dans l'enthou-
« siasme de la réussite d'une entreprise sur
« laquelle il ne pouvait compter, malgré les
« intelligences qu'il avait dans la Hollande et
« dans la ville même de Bréda. »

Lorsque l'on se présente devant une place avec
des ressources beaucoup trop faibles en artillerie pour l'écraser, et que l'on réussit néanmoins
à l'intimider au point de la porter à se rendre,
cette opération doit être classée au nombre des

stratagèmes que les généraux peuvent quelquefois employer avec succès. L'attaque de Bréda
fut conduite par d'Arçon avec une grande habileté ; il sut tirer un excellent parti de la terreur qu'inspirèrent ses bombes, et des sympa-
thies que la cause française avait excitées parmi
les habitants. Dumouriez se glorifia du change-
ment qu'il venait d'introduire dans l'attaque des
forteresses ; mais la satisfaction d'Arçon ne dut
pas être sans mélange. Le succès qu'il venait
d'obtenir à si peu de frais et si promptement,
était de nature à ébranler la conviction professée
par son école sur les avantages de l'emploi exclusif du siége régulier.

Les deux cents bouches à feu, les approvisionnements de toute nature et les belles fortifications conquises par le tir d'un très-petit
nombre de projectiles, prouvent en effet que
cette opération fut excellente. La garnison de
Bréda était de 2,400 hommes. Deux jours plus
tard, le petit fort de Klundert capitula, ses bâtiments ayant été détruits par un violent incendie ;
Gertruydemberg ne tint que trois jours contre
une attaque de d'Arçon.

Quant à Wilhemstadt que Moreau avait été

chargé de prendre, l'attaque ne réussit pas et il
fallut lever le siége.

« Les places de Wilhemstadt et de Bréda, dit
« à ce sujet le général d'Arçon, étaient atta-
« quées en même temps par des généraux d'opi-
« nions différentes sur les moyens de résoudre
« les siéges; l'un voulait tout brûler en arrivant,
« l'autre voulait tout ménager, excepté les forti-
« fications et le moral des défenseurs. Le pre-
« mier crut jeter l'épouvante en débutant par
« tout incendier; cela fait, il ne lui restait plus
« rien à faire; tout le désastre possible était
« consommé, et les défenseurs ne pouvant plus
« être affectés du grand mal de la peur, s'aper-
« çurent que leurs fortifications étaient entières:
« dès ce moment, ils méprisèrent des feux qui
« désormais ne pouvaient plus être qu'impuis-
« sants. Le second fit valoir en menaces le peu
« de moyens qu'il avait et surtout ceux qu'il
« n'avait pas; il supposa que les fantômes de la
« peur, l'imagination frappée de terreur sur des
« désastres seulement annoncés, étaient infini-
« ment plus puissants sur des têtes faibles, que
« n'eussent été les désastres eux-mêmes. Enfin,
« le premier, qui avait tout saccagé de loin, fut
« obligé de lâcher prise, et le second qui avait mé-

« nagé les habitants, réussit. Ceci soit dit pour
« annoncer que les ressources de ces brûlures
« prétendues si puissantes pourront bien passer
« de mode, d'autant plus promptement encore,
« lorsque les moyens de remédier à ces désas-
« tres seront accrédités. »

Les procédés dont veut ici parler d'Arçon sont
l'emploi des tenailles, des baquets et des pompes
à incendie. Or, l'expérience des bombardements
bien exécutés, prouve qu'il est impossible d'é-
teindre le feu dans les quartiers où pleuvent les
bombes.

En déclarant que dans son siége de Bréda il
a ménagé les habitants et non la fortification,
d'Arçon cherche à nous persuader que cette place
qui s'est rendue, aurait été attaquée par la voie
régulière; tandis que Wilhemstadt qui a résisté,
ne fut soumise qu'à un bombardement.

Mais les détails précédents prouvent qu'aucune de ces forteresses ne fut méthodiquement
assiégée. Ne nous laissons donc pas induire en
erreur, comme la bourgeoisie de Bréda; et reconnaissons que les résultats différents des deux
attaques furent produits par les causes suivantes :

1° D'Arçon qui n'avait que très-peu de projectiles, agit avec habileté en terrifiant d'avance les habitants par ses menaces. Il est avantageux d'informer la bourgeoisie d'une ville que l'on va bombarder, des malheurs auxquels elle sera bientôt soumise, si elle ne consent pas à capituler immédiatement.

2° La place de Bréda fut complétement investie; celle de Wilhemstadt ne pouvait l'être. Il a donc été possible aux habitants de cette dernière ville de se réfugier dans leurs bateaux, de pousser au large et de laisser brûler leurs maisons, tant que les Français y jetèrent des bombes. Le colonel Vauvilliers s'exprime ainsi sur ces deux affaires :

« Moreau, si l'on en croit d'Arçon, fut vingt-
« sept jours à bombarder Wilhemstadt; mais
« d'Arçon ne dit pas que Moreau ne perdit que
« cent cinquante hommes; s'il y eut des ma-
« lades dans son armée, il y en avait autant dans
« les corps qui ne faisaient pas le siége, et
« Wilhemstadt n'était pas bloquée du côté de
« la mer. Est-il donc étonnant que cette place
« ne se soit pas rendue comme Bois-le-Duc? Il y
« compare sa propre attaque de Bréda qui ne
« dura que quatre ou cinq jours; mais il y per-

« dit plus du double, et Bréda était bloquée. Il
« ne dit pas qu'il couvrit la place de feux
« courbes, qu'il fit aussi un vrai bombardement
« à l'aide de plusieurs forts avancés qui ne se
« défendirent pas. Quand on écrit l'histoire, il
« faudrait le faire sans l'arrière-pensée de la
« faire cadrer avec un précepte que l'on s'est
« formé d'avance. »

### SIÉGE DE VALENCIENNES,

Par l'armée coalisée anglaise, hanovrienne et autrichienne, en 1793.

« Les alliés, dit Jomini, disposaient tout pour
« l'attaque la plus vive contre Valenciennes : un
« équipage de 182 bouches à feu était parti de
« Vienne dès le 1er mars, sous la conduite des
« généraux d'artillerie Kollowrath et Unterber-
« ger. Les Provinces - Unies accordèrent en
« outre, sur la demande des généraux autri-
« chiens, 107 bouches à feu : les mortiers, au
« nombre de 93, furent approvisionnés à 600
« coups et les canons à 1000. »

L'armée anglaise ayant joint son équipage à
ceux de ses alliés, les ressources totales des
assiégeants s'élevèrent aux chiffres dont voici le
détail :

| Canons. . . . | de 24. . . . | 80 | |
|---|---|---|---|
| | de 18. . . . | 40 | |
| | de 16. . . . | 6 | 332 bouches à feu (1). |
| | de 12. . . . | 40 | |
| Obusiers . . . . | de 16 cent.. | 16 | |
| | de 12 id. . | 24 | |
| Mortiers et pierriers . . . . . . | | 126 | |

Cet équipage était sans doute formidable, et prouvait que ceux qui le possédaient ne manquaient pas de confiance dans l'emploi des bouches à feu pour attaquer les places ; mais ce n'est pas tout que d'avoir de l'artillerie : il faut savoir s'en servir avec intelligence.

Le colonel Jones s'exprime en ces termes sur la direction imprimée aux opérations du siége :

« Tout le monde sait qu'en 1793, lorsque le « duc d'York était sur le point d'assiéger Va- « lenciennes, le colonel Moncrief, son ingénieur « en chef, proposa un plan d'attaque qui fut re- « gardé comme supérieur à celui qu'avait pré- « senté le général Ferrari, ingénieur en chef « autrichien ; mais à peine le colonel Moncrief « eut-il commencé à mettre son projet à exécu- « tion, que l'on reconnut que les moyens de « l'armée étaient si loin d'offrir ceux qui eussent « été nécessaires, que l'on n'en put exécuter une

(1) *Extrait du mémorial de Cormontaingne sur la défense des places,* préface de Bousmard, note du colonel Augoyat.

« seule partie sans le concours du matériel des
« Autrichiens, et ceux-ci ne consentirent à le
« fournir, qu'à la condition que leurs ingénieurs
« auraient la direction de l'attaque ; en sorte
« que le général Ferrari substitua son projet à
« celui du colonel Moncrief. »

Nous ignorons la valeur de ce dernier projet ;
mais il reste de l'explication que l'on vient de
lire, que le siége de Valenciennes fut une opération autrichienne, opération menée avec presque autant de maladresse que le bombardement
de Lille. L'issue en a été sans doute différente ;
mais les travaux, devant Valenciennes, traînè-
rent en longueur ; et si l'on s'y fût pris autrement, on eût épargné beaucoup de temps et de
munitions pour se rendre maître de la forteresse.

« Le 30 mai, dit Jomini, la place fut recon-
« nue : les officiers trouvèrent d'abord plus
« d'avantages à former les attaques sur la cita-
« delle, parce que le front présentait moins de
« développement et d'ouvrages ; mais ils chan-
« gèrent d'opinion, sur l'avis que les fossés se
« remplissaient d'eau à volonté par le moyen
« des écluses ; que tout son glacis et ses ou-
« vrages étaient en fort bon état et contre-minés

« d'après le nouveau système. L'attaque fut ré-
« solue du côté opposé, et dut embrasser, depuis
« le faubourg de *Marly* jusqu'à la *porte de Mons*
« et le bastion de la *Poterne*, quoique la place
« présentât, sur ce point, une infinité d'ou-
« vrages extérieurs.

« Les premiers jours furent employés à dé-
« terminer et préparer la construction des bat-
« teries. Le général Unterberger proposa de
« battre les ouvrages pendant le jour, et de
« bombarder la ville pendant la nuit par tous les
« mortiers, et les pièces tirant à boulets rouges;
« ce qui fut adopté, dans l'espoir de fatiguer
« plus vite les habitants que l'on savait être sans
« casemates, et la garnison que l'on mettait sans
« cesse sur pied par des alarmes nocturnes. »

Il semble évident que puisque le tir de douze
mortiers pendant six jours, avait suffi pour réduire en poussière une notable partie de la ville
de Lille, un nombre de mortiers dix fois aussi
considérable, devait pouvoir, en beaucoup moins
de temps, détruire Valenciennes de fond en
comble. Il n'en fut rien cependant, parce que les
mortiers accumulés dans les batteries de l'attaque de *Marly*, ne pouvaient atteindre tous les
points de la ville avec leurs bombes.

Aussi le général Ferrand , gouverneur de la place, s'exprime ainsi sur les effets de cette artillerie dans son *Précis de la défense de Valenciennes*, 1834 :

« L'ennemi dirigea tout son feu, tant sur la
« ville que sur les ouvrages de fortification ; et
« dans la nuit du 19 juin, 80 bouches à feu fu-
« rent aussi placées sur les éminences du *Rou-*
« *leux* et dans sa première parallèle. Le feu con-
« tinuel de cette formidable artillerie dura sans
« relâche jusqu'au 26 juillet ; la moitié de la ville
« fut réduite en cendres, l'autre très-endom-
« magée. »

Les bombes pleuvaient dans la première moitié, les boulets seuls atteignaient la seconde, surtout dans les étages supérieurs. Nous possédons, sur le siége de Valenciennes , un *Précis historique* très-intéressant, écrit par un soldat du bataillon de la Charente, en garnison dans cette ville, *An* II *de la république*. Ce récit dépeint ainsi l'état de la ville après la fin du siége.

« Je ne crois pas qu'il y ait une seule maison qui
« n'ait été touchée par le boulet ; les bombes ont
« presque anéanti la *rue de Mons*, la *place Verte*
« et tout le voisinage de l'*hôpital* et du *munition-*
« *naire*. Les rues de *Cardon*, de *Tournai*, de *Saint-*

« *Géry*, de *Cambrai*, les quartiers du *Béguinage*
« et du *Marché aux Poissons* sont aussi extrême-
« ment maltraités : en un mot, la ville vue de la
« plaine de Mons, présente, dans les deux tiers
« de sa circonférence, un amas de maisons ou-
« vertes et démolies ; tandis qu'elle paraît in-
« tacte sur le revers, c'est-à-dire, si on la regarde
« de la citadelle. »

C'est précisément dans cette circonstance qu'il
faut voir le vrai motif de la résistance prolongée
de la place. Les habitants, dès les premiers
coups, se réfugièrent en dehors de la portée des
bombes où des abris leur furent donnés ; la garnison leur fit place sous les casemates de la citadelle : ce n'était pas pure générosité.

« C'était, dit le soldat de la Charente, le seul
« moyen d'éviter l'explosion de la douleur dé-
« sespérée du peuple ; car l'existence des bour-
« geois dans leurs maisons, était intolérable
« sous la pluie des boulets et des bombes ; et
« ceux qui ont observé le mouvement des
« esprits, savent que *la multitude se serait plutôt*
« *jetée sur nos batteries, que de continuer à vivre*
« *encore quelques jours dans un pareil état.* »

Les Autrichiens n'avaient donc pas fait un
mauvais calcul, en admettant que le bombarde-

ment pourrait exciter une sédition ; et ils eussent
sans doute réussi à la provoquer beaucoup plus
tôt, si au lieu d'abandonner une batterie qu'ils
avaient près du village d'*Anzin* et qui fut désem-
parée par le feu des remparts, ils eussent établi
un grand nombre de mortiers de ce côté, en les
faisant soutenir par des canons, chargés d'éteindre les feux de la citadelle et de la place. Aucun
quartier ne fût alors resté habitable ; et la population entière se jetant sur les batteries de la défense, n'eût pas attendu quarante-trois jours
pour forcer le général Ferrand à capituler. Les
alliés eussent ainsi conservé la presque totalité
des 25,000 hommes qu'ils perdirent sur les
glacis.

Voici, d'après Jomini, comment se continua
le siége, après la première ouverture du feu :

« La seconde parallèle fut terminée le 25
« juin ; le feu de son canon, bien dirigé pendant*
« quatre jours, causa de grands ravages au bas-
« tion de la *Poterne*, à la courtine de la *place de*
« *Mons*, au grand ouvrage à cornes et au bastion
« des *Capucins*.

« Le 27, dès le point du jour, toutes les bat-
« teries des deux parallèles firent un feu vio-
« lent ; cette scène présentait le spectacle le plus

« terrible. La place répondit peu ; mais à midi,
« les assiégés parurent subitement sur divers
« points, et avec des batteries mobiles du cali-
« bre de 12. Elles causèrent de grandes pertes
« en plongeant dans les tranchées ; et les assié-
« geants ne purent les combattre qu'avec des
« mortiers.

« Le général Ferrand et les braves appelés à
« le seconder, redoublaient de zèle à mesure
« que le danger augmentait. Le bombardement
« fit des ravages inouïs : les habitants de cette
« cité manufacturière et florissante, rivalisèrent
« d'abord avec ceux de Lille en dévouement et
« en résignation ; mais à la longue, la disette
« bien plus cruelle, et les ravages bien plus
« prononcés dans cette dernière ville, finirent
« par les ébranler, comme on l'avait prévu.

« Le 28, les assiégants avancèrent par la sape
« volante à la troisième parallèle qui fut armée
« le 7 juillet. On commença alors le travail sou-
« terrain... Le 25 juillet, le feu de tranchée fut
« vif et meurtrier : deux globes de compression
« sautèrent, à l'instant même où les Français
« allaient faire jouer leurs mines et détruire
« tous les ouvrages des assaillants. »

Après une lutte acharnée, le chemin couvert

fut enlevé par les assiégeants qui poursuivirent la garnison dans l'ouvrage à cornes, la demi-lune et la contre-garde en arrière ; ils y enclouèrent toutes les pièces, mais l'enceinte était intacte.

« Le 26 juillet, poursuit Jomini, le duc « d'York somma de nouveau la place : le général « Ferrand, entraîné par quelques désordres qui « se manifestèrent dans la garnison et parmi les « habitants, fut obligé de capituler le 28. La « garnison, forte d'envion 7,000 hommes, obtint « les honneurs de la guerre, déposa les armes « et fut libre de rentrer en France, sous pro-« messe de ne plus servir contre les alliés. La « place, battue par plus de 200 pièces, souffrit « considérablement ; on lui jeta 84,000 boulets, « 20,000 obus et 48,000 bombes.

La surface de Valenciennes étant de 97 hec-tares, les 152,000 projectiles qu'elle a reçus étant répartis sur tous les points de la superficie donneraient un projectile par 6$^{m.car.}$,40 ou par carré de 5$^m$,53 de côté. Si l'on restreint ce calcul aux 48,000 bombes tombées sur la ville, on trouve qu'en les supposant dispersées uniformé-ment sur toute la surface, une bombe serait tombée par 20$^{m.car.}$,21 qui représente un carré de

4$^m$,50 de côté. Il y en avait bien une quantité
suffisante pour tout détruire, si elles étaient ar-
rivées partout.

On doit reconnaître que le gouverneur montra
de l'énergie et sut tirer parti de son personnel :
néanmoins, sa conduite fut blâmée, et le comité
de salut public le fit incarcérer : il eut de la peine
à échapper à la mort.

Parmi les corps de la garnison, l'artillerie fit
le mieux son devoir, sauf la part que plusieurs
canonniers prirent au désordre. L'infanterie se
composait d'hommes de bonnes et de mauvaises
troupes : en somme, elle agit assez mollement.
Le génie ne réussit pas dans sa guerre souter-
raine.

Nous pourrions borner, à ce qui précède, nos
détails sur cette affaire ; mais les Français ayant
été presque constamment agresseurs dans les
siéges que nous examinerons, l'occasion actuelle
est bien la meilleure qui se présente à nous, pour
observer les effets physiques et moraux des bombardements vus de l'intérieur d'une place, et
constater si, comme le soutient une puissante
école, ce genre d'attaque ne produit que des
effets insignifiants. Nous ne quitterons donc pas

ce sujet, sans jeter avec le soldat de la Charente un coup d'œil sur ce qui se passait dans la ville.

« Quoique le bombardement n'eût été que
« peu désastreux dans les trois premiers jours,
« on s'attendait, de la part des malheureux ha-
« bitants, à tout ce que peut inspirer la conster-
« nation et le danger de ce que l'on a de plus
« cher. Une explosion imprévue et affreuse pou-
« vait, à chaque minute, écraser toute une fa-
« mille sous les débris de la maison qu'elle ha-
« bitait. Les patriotes, malgré leur résolution
« inébranlable de tenir ferme, ne pouvaient pas
« être insensibles à une situation aussi déplora-
« ble ; ils sentaient même combien la défense
« de la place devenait difficile au milieu de la fer-
« mentation d'un peuple aigri par le désespoir.

« Déjà, dès le 16 juin, il y avait eu un ras-
« semblement considérable de femmes que la
« cavalerie avait dissipé ; il se forma de nouveau
« le soir sous les auspices de la municipalité ; et
« je vis avec inquiétude parmi ces femmes, des
« hommes mornes et sombres, de ces âmes fortes
« et sensibles, telles que l'on en trouve dans les
« masses du peuple ; bons, mais terribles quand
« ils sont exaspérés : *Va*, disait l'un d'eux à sa
« femme, les lèvres tremblantes et pâles, *s'il*

« *t'arrive quelque chose, tu ne mourras pas seule!*
« Il fut ordonné aux hommes de rester à la
« porte et les femmes en entrant se précipitè-
« rent aux pieds des municipaux, les priant avec
« larmes de prendre pitié de leur sort. Ceux-ci
« qui avaient arrangé là scène, prirent alors un
« autre rôle, et adressèrent cette multitude de
« femmes éplorées au général et aux commis-
« saires qui étaient présents. Le représentant
« Cochon répondit avec la douceur et la fermeté
« convenables : une de ces femmes lui dit alors
« avec une douleur furieuse, comme si elle se
« fût adressée à une divinité terrible : *Monsieur !*
« *quand cesserez-vous donc votre colère sur nous?*
« Paroles énergiques, sublimes même, qui sont
« pour ceux qui ont une âme, le trait caractéris-
« tique de ce tableau.

« On jugera par là que ce représentant portait
« tout l'odieux des malheurs de Valenciennes...
« Aussi, dès les premiers jours, il fut exposé à
« des violences; et dans un attroupement, un
« homme lui porta sur la poitrine la pointe de
« son sabre. *Faut-il,* disait-on, *pour un étranger,*
« *laisser perdre une ville tout entière? Pour un*
« *homme qui n'a ici ni femme, ni enfants, ni pro-*
« *priétés, sacrifier les femmes, les enfants, les pro-*
« *priétés de tant de citoyens !*

« Je n'entrerai pas dans le détail journalier du
« feu de l'ennemi et des accidents multipliés qui
« arrivèrent dans la ville, ainsi que des pertes
« de la garnison. Il suffira de dire que l'on ne
« resta pas une seule journée sans tirer ; et que
« le repos était au plus de six heures par jour,
« tant vers deux heures du matin, qu'à dîner et
« avant souper. Le tonnerre de tant de bouches
« à feu répété par l'écho, l'élan majestueux et
« terrible des bombes, le sifflement des boulets,
« mille éclairs qui sillonnaient le ciel, tout cela
« formait la nuit et sur la ville une magnifique
« horreur, je veux dire un mouvement aussi im-
« posant à l'œil et à l'imagination qu'il était dé-
« chirant pour l'âme. L'incendie qui se mani-
« festait en plusieurs endroits ajoutait encore
« à l'affreux intérêt de ce tableau. Alors, on diri-
« geait sur ce point un grand nombre de mor-
« tiers, et la maison se consumait sous une
« voûte de bombes. L'ennemi contemplait avec
« joie les effets destructeurs et terribles de sa
« vengeance ; et à chaque fois que le feu écla-
« tait en ville, nous l'entendions des palissades
« de la citadelle s'écrier : *Vivat, victoria, vic-*
« *toria !* »

Nous terminerons ce que nous avons à dire du

siége de Valenciennes par quelques observations sur la chute de cette place.

Malgré la bravoure de Ferrand,—malgré la popularité qu'une longue et bienveillante administration lui avait conquise (circonstance très-exceptionnelle pour un gouverneur),—malgré le bouillant enthousiasme qu'une partie des habitants manifestaient pour le régime de la révolution, — enfin, malgré la douceur de caractère d'une population flamande, on voit que le gouverneur n'en a pas été moins forcé de subir la loi de l'émeute, et de signer, à son corps défendant, une capitulation prématurée.

Nous trouvons ici la confirmation de ce que nous avons dit dans la première partie de cet ouvrage, au sujet de l'antagonisme qui ne peut manquer de se développer entre le chef militaire et toutes les classes de la bourgeoisie d'une ville bombardée.

Pour qu'un gouverneur puisse compter sur l'assistance de la population et la déterminer à prendre une part active aux opérations de la défense, il faut que l'assiégeant veuille bien s'y prêter, en assiégeant la place d'après les vieux principes de l'école française, c'est-à-dire en s'abstenant de tirer aux maisons.

Malgré les grandes fautes que commirent les Autrichiens dans l'attaque de Valenciennes, ils finirent cependant par s'emparer de la place, grâce aux effets de leur puissante artillerie.

On doit en conclure qu'un fort équipage est une garantie généralement suffisante contre la faiblesse, l'inexpérience ou l'incapacité de ceux qui sont chargés de la direction d'un siége. Il n'est prudent à un gouvernement de réduire l'artillerie destinée à l'attaque d'une forteresse, que dans le cas exceptionnel où il a une confiance absolue dans les talents du général qui commande l'armée assiégeante.

### SIÉGE DE MAYENCE,

#### Par les Austro-Prussiens, en 1793.

A la suite d'une sommation menaçante et sans coup férir, Custine s'était rendu maître de Mayence, le 22 octobre 1792. Les Français conservèrent cette magnifique tête de pont jusqu'au mois d'avril suivant. Alors l'armée austro-prussienne, après avoir obtenu des succès en rase campagne, vint opérer l'investissement de la place, sous le commandement du roi de Prusse.

Cette forteresse se trouvait dans un formidable état de défense par les soins des généraux Meunier et Doyré, officiers pleins de valeur. Les représentants Rewbel et Merlin de Thionville y avaient été envoyés ; Aubert Dubayet commandait les troupes : la lutte était très-difficile à soutenir contre de pareils défenseurs.

Pendant les deux mois qui s'écoulèrent depuis l'investissement jusqu'au 10 juin, date de la mort du général Meunier, la garnison fit de très-brillantes sorties contre les lignes de l'armée de siége ; on peut citer entre autres la sortie du 31 mai, où le quartier général prussien faillit être enlevé dans le village de *Marienborn*. Ce fut vers le milieu de juin seulement que l'on commença les travaux du siége, par une grande arrière-parallèle ouverte à 1200 mètres environ des ouvrages avancés ; près de cette ligne se trouvaient trois batteries, armées chacune de trois mortiers et un obusier, dont les projectiles à cette distance ne pouvaient atteindre les maisons de la ville.

Du 24 au 25 juin, on ouvrit la première parallèle à 600 mètres des palissades de la première enceinte ; et cette parallèle fut armée de quatre batteries, pourvues chacune de huit mortiers et huit obusiers, qui, malgré les sorties de la garnison, étaient prêtes à tirer le 28 ; toutefois on eut beaucoup de peine à continuer cette parallèle, à cause des attaques continuelles des Français.

Du 30 juin au 1ᵉʳ juillet, on commença huit batteries, dont trois de mortiers, en avant de cette ligne. Six autres batteries y furent placées vers son milieu qui n'était pas encore terminé. Toutes ouvrirent leur feu le 5 de grand matin, pour éteindre celui des forts *Charles* et *Elisabeth*, en avant du corps de place.

A la distance où toutes les batteries se trouvaient de la ville, leurs bombes et obus ne devaient pas beaucoup gêner les habitants ; car ces projectiles ne pouvaient tomber que sur la citadelle et le quartier le plus voisin qui n'est pas très-étendu. La population se trouvait donc en sûreté dans les deux tiers au moins de la surface bâtie. Du reste, le roi de Prusse tenait sans doute à ménager ses compatriotes.

Une seconde parallèle fut commencée; mais la place capitula par la famine, avant l'ouverture des batteries qui armaient cette ligne.

L'instruction adressée, en 1807, par le ministre Bernadotte aux gouverneurs des places françaises, contient le passage suivant :

« Quant aux effets des bombes et autres pro-
« jectiles incendiaires, nous examinerons plus
« tard les moyens de les diminuer ; nous obser-
« verons bientôt qu'ils n'ont jamais contraint une
« place bien défendue à se rendre : les anciens
« siéges en sont la preuve, et les exemples tout
« récents de Lille, Thionville et Mayence la con-
« firment. »

Nous n'avons aucune objection à faire au
principe que pose le ministre et qui doit être une
vérité ; mais les derniers exemples qu'il a choisis
ne nous paraissent pas concluants.

Nous nous sommes déjà expliqué sur les siéges
de Lille et de Thionville ; au sujet de celui de
Mayence, nous dirons que la résistance que cette
place a opposée au bombardement a été facile
aux troupes :

1° Parce que la garnison était de 23,000 hommes très-bien commandés, parfaitement aguerris,
et plus que suffisants pour tenir en respect une
agglomération de 27,000 habitants de tout âge et
de tout sexe ;

2° Parce que cette population n'était pas française.

Cette observation qui se présente à nous pour

la première fois, est d'une haute importance
pour les défenseurs d'une place. Il est bien plus
facile à un gouverneur de résister aux effets d'un
bombardement dans une ville ennemie, que s'il
se trouve dans son propre pays. On se met plus
à l'aise avec les étrangers qu'avec les siens; et
telle plainte qui produirait sur nous une vive impression si elle nous était adressée par l'organe
d'un compatriote, ne sera pas même écoutée
quand elle viendra d'un homme que nous trai-
tons en vaincu, surtout lorsque nous nous trouvons en force chez lui. D'ailleurs, avant le siége,
le gouverneur de Mayence n'aura sans doute
pas négligé de prendre toutes les mesures recom-
mandées par les traités de défense pour l'expul-
sion des vagabonds et des hommes dangereux et
suspects : on peut même toujours, dans une ville
ennemie, aller sur ce point au delà de ce que
prescrit la prudence ;

3° Nous avons constaté que les bombes parties de la première parallèle ne tombaient que
sur une partie restreinte de la ville ; cette conjec-
ture est confirmée par le professeur Manso, auteur de l'*Histoire des guerres de Prusse*, qui parle
ainsi de l'état de la ville après la fin du siége.

« On comptait jusqu'à quarante maisons dé-

« truites de fond en comble, une vingtaine en-
« tièrement ruinées dans leur intérieur ; et il
« n'en resta, en général, qu'un petit nombre
« d'intactes. »

Il faut conclure de ce peu de dégâts, que la
bourgeoisie de Mayence n'a pas été mise à une
trop rude épreuve par le bombardement.

Le manque de vivres fut la cause de la reddition prématurée de la place, dont les portes
s'ouvrirent enfin à un ennemi, qui après un long
blocus et un mois de siége, n'était arrivé que
sur le terrain où il allait devenir très-périlleux
pour lui de continuer. Le maréchal Gouvion
Saint-Cyr fait les réflexions suivantes sur la capitulation.

« La garnison de Mayence manquait d'une
« partie des provisions de bouche qui lui étaient
« nécessaires ; mais elle avait encore du pain, et
« à la rigueur elle pouvait se défendre quelque
« temps de plus. Il n'est pas douteux qu'elle ne
« l'eût fait, pour peu qu'elle eût eu l'espoir
« d'être secourue ; mais elle ne fut point pré-
« venue de la marche des armées françaises
« pour la délivrer ; elle craignit d'être obligée,
« quelques jours plus tard, de se rendre à dis-
« crétion. L'ennemi qui connaissait les mouve-

« ments des Français, en fut effrayé ; il s'em-
« pressa d'accepter les conditions que la garnison
« lui proposait, dans la persuasion où elle était
« qu'elle ne serait jamais secourue ; et la capitu-
« lation fut signée le 23 juillet.

« Je ne puis m'empêcher d'observer que les
« lois actuelles interdisent aux commandants des
« places de céder à de semblables considéra-
« tions ; et que la crainte de s'exposer à se
« rendre à discrétion ou seulement prisonniers
« de guerre, n'est plus pour eux un motif suffi-
« sant de capituler, tant qu'ils n'éprouvent pas
« le manque absolu de vivres et de munitions.
« On a vu, par un grand nombre d'exemples,
« combien il était nécessaire d'imposer aux com-
« mandants ce devoir rigoureux, de la stricte
« observation duquel a dépendu souvent le succès
« de toute une campagne.

« La reddition de cette place, que l'ennemi
« s'empressa de faire connaître à nos généraux
« (Houchard et Beauharnais), fut un coup de
« foudre pour eux (1)..... Ils savaient jusqu'à
« quelle époque la ville avait des vivres ; et sur
« cette connaissance, ils ont fixé le moment de

(1) Tous deux portèrent leur tête sur l'échafaud.

« leur départ, sans considérer que *dans une place*
« *assiégée et bombardée, il pouvait survenir des*
« *événements qui abrégeassent la durée des vivres,*
« ce qui arriva en effet. »

C'est pour ces raisons que les moyens qui peuvent amener plus rapidement la chute des forteresses, soit en frappant les habitants de terreur,
soit en détruisant les magasins de subsistances,
doivent être pris en très-sérieuse considération
par les généraux en chef.

## BLOCUS ET BOMBARDEMENT DE LANDAU,

### Par les Prussiens, en 1793.

Cette place, dont le gouverneur était le général républicain Laubadère, fut investie, le 25
juillet, aussitôt après la capitulation de Mayence,
et le blocus n'en fut levé que dans les derniers
jours de décembre. L'ennemi n'en voulut point
faire le siége en règle : son but était de réduire
la forteresse par la famine. En bombardant la
ville, il ne pouvait avoir pour objet que d'incendier les magasins de vivres , comme on l'avait
fait avec succès à Mayence, et non d'exterminer
la population ; car autant il eût fait de victimes,

d'autant il eût diminué le nombre des consommateurs et prolongé la durée de son blocus.

Seydel, écrivain militaire allemand, auteur de l'*Histoire des forteresses de Prusse*, confirme en ces termes l'exactitude de notre appréciation des projets de l'armée assiégeante.

« On était informé que la place de Landau, « quoique possédant une garnison suffisante « pour sa défense, était incomplétement appro- « visionnée, et que ses habitants montraient peu « de sympathie pour la nouvelle constitution. « Ces motifs joints à des considérations straté- « giques, déterminèrent l'envoi d'un corps des- « tiné à investir la forteresse; et il fut décidé « que ce corps suffisamment renforcé et mis sous « les ordres de S. A. le prince royal, aurait à « réduire la place par la combinaison d'un « blocus et d'un bombardement.

« Les motifs qui firent adopter un genre d'at- « taque jusque alors peu usité (1), furent que

(1) On trouve cependant un exemple mémorable de la combinaison de ces deux moyens d'attaque, dans le siége de Prague, par Frédéric le Grand. Voici les renseignements que ce souverain nous donne lui-même sur son opération :
« Située dans un fond, la ville de Prague est entourée de vignes et de « rochers qui la dominent de tous les côtés. Ses fossés sont secs ; ses ou- « vrages étaient revêtus d'une maçonnerie légère ; les parapets étaient trop « minces en beaucoup d'endroits, les courtines trop longues ; tous ces ou-

« l'on croyait pouvoir, non-seulement diminuer
« les provisions de bouche et de guerre par le
« bombardement, mais aussi forcer, par la ter-
« reur, la bourgeoisie à capituler. Suivant l'au-
« teur des *Souvenirs des campagnes du Rhin*, on
« admit que trois jours de tir suffiraient, et au
« delà, pour déterminer une reddition volon-
« taire. »

« vrages avaient été si fort négligés pendant la paix, qu'en différents points
« ils étaient insultables ; mais la garnison ne l'était pas : pour l'attaquer
« en forme, il fallait une armée plus nombreuse que ne l'était l'armée prus-
« sienne, surtout après les détachements que l'on avait été obligé de faire.
« Ces raisons firent que le roi se contenta de bloquer la ville, en essayant
« de prendre la garnison par la famine. On espéra mettre, par un bombar-
« dement, le feu aux magasins de vivres : on fit venir des mortiers et des
« canons (au nombre de 55) ; on établit trois grandes batteries, l'une à la
« montagne du *Ziska*, l'autre devant *Michele* et le troisième du côté du ma-
« réchal Keith, vers le *Strohlhoff ;* mais tout cela fut inutile : la ville avait
« des bastions casematés, où les vivres trouvèrent un abri contre tous les
« efforts de l'artillerie prussienne...
« Le projet de prendre Prague avec l'armée qui la défendait aurait ce-
« pendant réussi, si l'on avait pu lui donner le temps de parvenir à sa ma-
« turité ; mais il fallait s'opposer au maréchal Daun : il fallait se battre et
« l'on fut malheureux ! »

*Histoire de la guerre de Sept-Ans, par Frédéric II,*
*roi de Prusse, chap. VI, campagne de 1757.*

Il ne faut pas croire que les habitants de cette capitale soient restés in-
différents à la chute des bombes.

« En 1757, dit le colonel Jones, le roi de Prusse bombarda la grande et
« populeuse ville de Prague, pendant vingt-cinq jours, de la manière la plus
« furieuse : la ville fut entièrement détruite, et les habitants voulurent
« forcer le gouverneur à se rendre, mais il resta fidèle à son devoir. Il fit
« pendre deux des principaux sénateurs, et par sa fermeté donna lieu à la
« bataille de Kollin qui obligea le roi à se retirer. »

Ainsi se pratiquaient les bombardements en Allemagne ; tandis que l'école
de Cormontaingne et Fourcroy les réprouvait comme barbares, inefficaces
et tombés en désuétude.

Jomini nous dépeint comme il suit les effets du tir des mortiers sur la ville :

« Dans le même temps, le prince royal de
« Prusse, secondé par le général Rüchel, vou-
« lant intimider la garnison de Landau, fit
« construire six batteries de mortiers et recom-
« mença le bombardement le 27 octobre. En
« moins de quarante-huit heures, l'arsenal fut
« incendié, un magasin à poudre sauta avec une
« partie de la courtine ; mais le commandant
« ne voulant pas même recevoir de parlemen-
« taire, on renonça à cette entreprise. Le siége
« fut converti en blocus si peu rigoureux, que
« la garnison communiqua dès lors constam-
« ment avec les deux armées destinées à la se-
« courir. »

Un *Précis historique du blocus de Landau par un témoin occulaire*, qui paraît être le représentant Dentzel, envoyé dans cette ville, parle du premier tir incendiaire effectué le 13 octobre sans produire d'effets sensibles. Le commandant, pour prolonger la durée de la résistance, voulut faire sortir de la place les bouches inutiles ; mais une émeute de femmes l'empêcha de mettre ce projet à exécution.

« Dans la nuit du 27 au 28, ajoute le *Précis*,

« le bombardement commença. Il dura cette fois
« quatre jours et quatre nuits presque sans dis-
« continuer et avec une violence sans exemple.
« On a évalué à 25,000 le nombre des bombes,
« obus, pots à feu et boulets qui tombèrent dans
« la place et sur les fortifications. Le feu de l'en-
« nemi fit de grands ravages; et outre beaucoup
« de maisons détruites et endommagées, plu-
« sieurs magasins de la république furent la
« proie des flammes. »

Si l'on en croit l'auteur du *Précis*, les habitants de Landau auraient trouvé le moyen de se
mettre à l'abri de tous les projectiles.

Ce fait est confirmé par d'Arçon :

« Il faut observer, dit-il, que les pertes occa-
« sionnées par les bombes et autres projectiles
« se réduisent à très-peu de chose. Dans une
« petite place telle que Landau, lors des siéges
« de l'autre siècle où les attaques les plus vio-
« lentes se sont prolongées jusqu'à soixante-dix
« et quatre-vingt jours, où les citoyens étaient
« dépourvus des abris que l'on réservait aux dé-
« fenseurs, on voit au total *cinq* habitants tués
« ou blessés par accident. Les derniers bombar-
« dements de Landau, Lille, Thionville et autres

« places, n'ont pas occasionné de plus grandes
« pertes en proportion. »

Cela est vrai sans doute, mais dans des circonstances exceptionnelles ; et l'on aurait grand tort
de vouloir en conclure d'une manière absolue,
qu'une grêle de bombes tombant sur tous les
points d'une ville populeuse, ne ferait de mal à
personne.

Il résulte de l'ensemble des renseignements
qui précèdent, que le bombardement de Landau
en 1793 n'a pas été une opération poussée à outrance ; et comme d'après le *Précis*, le rôle de la
garnison fut à peu près nul à l'intérieur pendant
toute la durée du blocus, on est fondé à croire,
malgré toutes les déclamations de l'époque, que
l'attitude de cette garnison n'a point fait oublier
les belles résistances actives de Landau, dans les
premières années du XVIIIe siècle.

### SIÉGE DE TOULON,

Par les Français, en 1793.

Nous allons donner ici quelques détails sur
l'attaque d'une place qui fut réduite, non par
des moyens incendiaires, mais par la seule
crainte de l'emploi de ces moyens. Elle ne fut

ni sommée, ni menacée ; mais l'ennemi qui l'occupait n'en pouvait sortir que par la voie de
mer ; et l'on sait combien les vaisseaux redou-
tent les boulets rouges, les bombes et les obus !

La révolte de Lyon contre l'autorité de la convention avait attiré sur cette malheureuse ville
toutes les horreurs d'un siége qui n'était pas
encore terminé, lorsque la ville de Toulon à son
tour s'insurgea contre le régime de la terreur,
et ouvrit ses portes à une armée composée de
troupes anglaises, espagnoles, piémontaises et
napolitaines.

Cette grande cité maritime renfermait alors
dans son sein de nombreux éléments de désordre. Les réductions faites sur le personnel de la
flotte, et l'anéantissement du commerce maritime,
avaient jeté sur le pavé de ses rues une foule de
matelots désœuvrés, naguère soumis au joug de
fer de la discipline du bord, aujourd'hui livrés
à l'indépendance la plus complète, ne connais-
sant aucun frein et très-accessibles à l'influence
des idées démocratiques. Près d'eux s'agitaient
les nombreux ouvriers de l'arsenal, en proie aux
mêmes passions politiques, exaltées jusqu'à la
fureur sous l'influence du brûlant climat du
midi. Tous ces hommes turbulents renforcés

par la lie du peuple, formèrent une masse compacte qui ne tarda pas à obtenir la majorité dans
la ville, imprimant aux événements qui s'accom-
plissaient alors un caractère permanent d'atro-
cité. Poussée à bout par la brutalité de ce despotisme, et mue par l'intérêt de sa conservation,
la bourgeoisie se forma en sections, se saisit du
pouvoir et modifia par la force le régime intérieur de la cité.

Les députés qu'elle envoya sur-le-champ à
Paris pour justifier ces actes, furent repoussés
avec indignation par le gouvernement républicain, sans avoir pu se faire entendre. La Convention intercepta toutes les communications de
la ville avec les autres départements, afin de
l'exténuer par la famine, en attendant l'envoi
d'une armée de siége pour achever de la réduire.

Dans leur perplexité, les Toulonnais eurent le
tort de prêter l'oreille au conseil qui leur fut
donné, d'appeler à leur aide les flottes étrangères, alors maîtresses absolues de la mer.

Malgré la résistance d'une partie des équipages des vaisseaux français mouillés devant la
ville, ces escadres pénétrèrent dans la grande
rade le 28 août : les Anglais occupèrent le fort
*Lamalgue*. Chaque nation envoya chercher de

nouvelles troupes ; et dans peu de temps, la garnison mixte de Toulon se composa comme il suit :

Anglais.. . . . . . . . . . . . . . 2,500
Espagnols, Napolitains et Piémontais. 17,000

19,500

On y joignit, pour le service, 6,000 soldats français et citoyens armés.

Les étrangers y furent reçus comme des libérateurs : on proclama la Constitution de 1791 ; et tous les actes administratifs et judiciaires furent édictés au nom de Louis XVII.

Nous avons déjà eu l'occasion de remarquer qu'à l'époque où la guerre fut déclarée par la France à l'Angleterre pour assurer l'indépendance des Etats-Unis, les grands établissements de la marine reçurent un système spécial de fortifications. Leurs enceintes furent entourées de forts détachés ; en sorte que ces villes n'ont rien à craindre d'un bombardement immédiat. On avait occupé dans ce but les sommets de plusieurs collines environnant la place, ainsi que les ressauts du *Faron*, âpre montagne qui domine la ville du côté du nord. Le fort *Lamalgue* situé près de la mer, à l'extrême droite de la défense du côté de terre, protége toutes les batteries de la grande rade jusqu'au *Cap Brun* : les forts *Sainte-Catherine*, *Artigues* et *Faron* couvrent les fronts de droite de l'enceinte, qui est préservée au nord par les deux redoutes *Saint-Antoine* (forts *Rouge* et *Blanc*), et le fort *des Pommets*, et à l'ouest par la redoute importante de *Malbousquet* et ses dépendances.

Le rade intérieure de Toulon, dite *petite rade*, est un bassin de forme oblongue, dont le plus grand diamètre qui s'étend de l'est à l'ouest présente une longueur de quatre kilomètres, le plus petit a tout au plus un kilomètre. Au nord-est de ce bassin, la ville s'élève en amphithéâtre. Deux promontoires séparent la *petite rade* de la *grande*, large canal situé au sud, et qui met la petite rade en communication avec la mer. On a donné à ces deux pointes les noms des forts qui y sont construits (*l'Eguillette* et la *Grosse Tour*), séparés l'un de l'autre par une distance de 1300 mètres.

Une garnison aussi nombreuse que celle qui se trouvait alors enfermée dans Toulon, pouvait facilement occuper tous les forts et toutes les batteries de côte qui entouraient la place. Elle envoya même un détachement pour couvrir les

gorges d'*Ollioulles*, et en interdire le passage à
l'armée de la Convention, qui s'approchait de ce
côté de la ville, sous les ordres du général Carteaux.

L'armée française ayant battu les troupes de
la garnison, s'empara du défilé et du village qui
le termine. A cette affaire, le chef de bataillon
Dommartin, commandant l'artillerie du siége,
reçut une blessure qui l'empêcha de prendre
part aux opérations ultérieures.

« Auprès du général Carteaux, se trouvaient,
« dit le maréchal duc de Bellune, les deux re-
« présentants Gasparin et Salicetti, qui étant
« loin de partager la présomption du chef, re-
« grettaient d'autant plus l'absence de Dommar-
« tin, qu'ils ne savaient par qui le remplacer :
« leur embarras était cruel. La Providence, à
« laquelle ils ne croyaient point, leur vint en
« aide. (1) »

Le chef de bataillon Bonaparte arriva le 12 septembre au camp, porteur d'un ordre du comité
de salut public qui le nommait commandant de
l'artillerie. Le siége de Toulon fut l'origine de
la fortune militaire de ce grand homme.

(1) *Extraits de mémoires inédits*. Paris, 1846.

Elevé aux écoles militaires, il y avait puisé
l'instruction commune sur l'art d'assiéger les
places dans les règles ; et nous devons convenir
que jusqu'aux débuts de la guerre, rien ne portait à croire en France que cet enseignement fût
incomplet. Mais en homme supérieur, Bonaparte
ne crut pas devoir s'en tenir systématiquement
aux doctrines professées par ses maîtres. Il sut
étudier les faits contemporains, et rejeter les
vieilles erreurs enseignées sur le peu d'importance de l'artillerie dans la guerre des siéges.

Après avoir exploré les environs de la place
qu'il avait mission d'assiéger, il acquit la conviction qu'il n'y avait aucune chance de réussir
sans un équipage de cent bouches à feu, comprenant une forte proportion de mortiers à grande
portée, chose très-difficile à obtenir à cette époque de détresse générale.

« Pour avoir Toulon, écrivait-il au comité de
« salut public, il faut un équipage de siége con-
« sidérable : *c'est l'artillerie qui prend les places*
« *et l'infanterie ne fait qu'aider.* C'est avec une
« extrême douleur que je vois le peu de sollici-
« tude que l'on met à cet article essentiel. Les
« trois quarts des hommes ne s'occupent des

« choses nécessaires que quand ils en sentent
« le besoin ; mais alors il n'est plus temps... »

*Correspondance de Napoléon I<sup>er</sup>. Lettre du 4 brumaire an II*
(25 octobre 1793), n° 4 de la Collection.

Dans le cours de cet ouvrage, nous constaterons que l'empereur Napoléon manifestait la
même opinion à la fin de sa vie, sur le grand rôle
des bouches à feu dans l'attaque des forteresses.

Sa demande au gouvernement fut vaine ; et les
ressources qu'il réclamait pour le siége ne purent lui être accordées.

Il n'entre pas dans notre plan de raconter tout
ce que le jeune commandant d'artillerie eut à
souffrir de l'ignorance et de la lâcheté des généraux républicains Carteaux et Doppet, remplacés
plus tard par le brave Dugommier ; mais en nous
appuyant sur les récits des trois témoins, Victor
duc de Bellune, Napoléon et Marescot, nous devons montrer Bonaparte luttant avec toute la
persistance du génie contre la mise à exécution
d'un projet de siége méthodique envoyé de Paris.
Voici ce que nous en dit le maréchal Victor qui
commandait alors un bataillon de volontaires :

« Un ingénieur de réputation, Michaud d'Ar-
« çon, consulté sur les moyens qu'il faudrait
« réunir contre cette place, avait déclaré qu'un

« siége pareil exigerait 150,000 hommes de trou-
« pes, 150 pièces de 24, 40 mortiers, etc. Le
« calcul était passablement exagéré ; mais il n'en
« était pas moins vrai que sans renforts considé-
« rables et de toute espèce, il serait impossible
« de réduire Toulon. »

Ecoutons les détails que nous donne sur ce
point Napoléon lui-même, dans les mémoires
écrits sous sa dictée à Sainte-Hélène par les généraux Gourgaud et de Montholon.

« Le comité de salut public envoya des plans
« et des instructions relatifs à la conduite du
« siége. Ils avaient été rédigés au comité des
« fortifications par le général du génie d'Arçon,
« officier d'un grand mérite. Un conseil fut
« réuni le 15 octobre sous la présidence de Gas-
« parin, représentant, homme sage, éclairé et
« qui avait servi : on y lut les instructions arri-
« vées de Paris.

« Le général d'Arçon supposait l'armée de
« 60,000 hommes et abondamment fournie de
« tout le matériel nécessaire. Il voulait qu'elle
« s'emparât d'abord de la montagne et du *fort*
« *Faron*, des *forts Rouge* et *Blanc*, de celui de
« *Sainte-Catherine*, et qu'ensuite elle ouvrît la
« tranchée sur les fronts du milieu de l'enceinte

« de Toulon, négligeant également les forts
« *Lamalgue* et *Malbousquet.*

« Le commandant d'artillerie qui depuis un
« mois avait reconnu exactement le terrain, qui
« en connaissait parfaitement tous les détails,
« proposa le plan d'attaque auquel on dut Tou-
« lon. Il regardait toutes les propositions du
« comité des fortifications comme inutiles,
« d'après les circonstances où l'on se trouvait :
« *il pensait qu'un siége en règle n'était pas néces-*
« *saire.* En effet, en supposant qu'il y eût un
« emplacement tel, qu'en y plaçant quinze à
« vingt mortiers, trente à quarante canons et des
« grils à boulets rouges, on pût battre tous les
« points de la *petite* et de la *grande rade*, il était
« évident que l'escadre combinée abandonne-
« rait ces rades ; et dès lors la garnison serait
« bloquée, ne pouvant communiquer avec la
« flotte qui serait dans la haute mer. Dans cette
« hypothèse, le commandant d'artillerie mettait
« en principe que les coalisés préféreraient retirer
« la garnison, brûler les vaisseaux français, les
« établissements, plutôt que de laisser dans la
« place 15 à 20,000 hommes, qui tôt ou tard
« seraient pris sans pouvoir alors rien détruire,
« afin de se ménager une capitulation.

« Enfin, il déclara que ce n'était pas contre la
« place qu'il fallait marcher ; mais bien qu'il
« fallait marcher à la position supposée ; que
« cette position existait à l'extrémité du pro-
« montoire de *Balaguier* et de l'*Eguillette*,
« pointe qui borne à l'ouest la séparation des
« rades ; que depuis un mois qu'il avait reconnu
« ce point, il l'avait indiqué au général en chef
« Doppet, en lui disant que s'il l'occupait avec
« quatre bataillons, il aurait Toulon en quatre
« jours ; que depuis ce temps, les Anglais en
« avaient tellement senti l'importance, qu'ils y
« avaient débarqué 4,000 hommes, avaient oc-
« cupé tous les bois qui couronnaient le pro-
« montoire du *Caire* qui domine la position, et
« avaient employé toutes les ressources de Tou-
« lon , les forçats même , pour s'y retrancher ;
« ils en avaient fait, ainsi qu'ils l'appelaient, un
« *petit Gibraltar* ; que ce qui pouvait être occupé
« sans combat il y a un mois exigeait actuelle-
« ment une attaque sérieuse ; qu'il ne fallait
« point en risquer une de vive force, mais éta-
« blir en batterie des pièces de vingt-quatre et
« des mortiers, afin de briser les épaulements
« qui étaient en bois, rompre les palissades et
« couvrir de bombes l'intérieur du fort ; qu'alors,
« après un feu très-vif de quarante-huit heures,

« des troupes d'élite s'empareraient de l'ou-
« vrage ; que deux jours après la prise de ce
« fort, Toulon serait à la république.

« Ce plan d'attaque fut longuement discuté ;
« mais les officiers du génie présents au conseil
« ayant émis l'avis que le projet du comman-
« dant d'artillerie était un préliminaire indis-
« pensable aux siéges en règle , le premier
« principe étant de bloquer étroitement la place,
« les avis devinrent unanimes.

« Pendant les deux mois qui s'écoulèrent entre
« l'adoption de ce projet et l'attaque du *petit Gi-*
« *braltar*, mille obstacles, mille réclamations s'é-
« levaient contre la direction des travaux. On n'en
« est encore qu'à assiéger un fort qui n'entre
« pas dans le système permanent de la défense
« de la place, disait-on dans le pays; ensuite il
« faudra prendre *Malbousquet* et ouvrir la tran-
« chée contre la ville ! Toutes les sociétés popu-
« laires faisaient dénonciation sur dénonciation
« à ce sujet. La Provence se plaignait de la len-
« teur du siége. La disette s'y faisait vivement
« sentir ; elle devint même telle, qu'ayant perdu
« l'espoir de la prompte reddition de Toulon,
« Fréron et Barras, saisis de terreur, écrivirent
« de Marseille à la Convention, pour l'engager à

« délibérer s'il ne vaudrait pas mieux que l'ar-
« mée levât le siége et repassât la Durance.

« Les représentants disaient que si l'on éva-
« cuait la Provence, les Anglais seraient obligés
« de la nourrir ; et qu'après la récolte, on re-
« prendrait avantageusement l'offensive avec
« une armée bien entière et bien reposée.
« C'était même indispensable, disaient-ils ; car
« enfin après quatre mois, Toulon n'est pas
« encore attaqué ; et l'ennemi recevant toujours
« des renforts, il est à craindre que nous ne
« soyons obligés de fuir précipitamment et en
« déroute, ce que nous pouvons maintenant
« opérer en règle et avec ordre.

« Mais peu de jours après que la lettre fut par-
« venue à la Convention, Toulon fut pris. Elle
« fut alors désavouée par ces représentants
« comme apocryphe. Ce fut à tort ; car cette
« lettre était vraie, et donnait une juste idée de
« l'opinion que l'on avait de la mauvaise issue
« du siége, et des embarras qui existaient en
« Provence. »

Nous avons une relation du siége de Toulon
par le commandant Marescot, chef du génie. Il
s'exprime en ces termes sur le plan adopté par
les assiégeants :

« Le général Dugommier déclara n'avoir que
« 25,000 hommes au plus en état de combattre,
« et qu'il savait que nos ennemis étaient dans
« Toulon au nombre de 17,000 hommes, non
« compris la garnison des vaisseaux. D'un autre
« côté, le commandant de l'artillerie annonça
« n'avoir pour le moment que 180 milliers de
« poudre; que de plus grandes quantités étaient
« annoncées, mais que leur arrivée était encore
« incertaine. Cette faiblesse de moyens fit déci-
« der qu'un siége régulier était impossible pour
« le moment. »

« Alors le général en chef lut un projet d'at-
« taque pour les forts extérieurs, qui fut suivi de
« la lecture d'un autre plan prescrit par le co-
« mité de salut public (1). Ces deux plans diffé-
« raient fort peu l'un de l'autre. Après une dis-
« cussion approfondie, il fut résolu que, le plus
« tôt possible, la grande redoute dite la *redoute*
« *anglaise*, située sur la hauteur dominante à
« l'ouest de l'*Éguillette*, la montagne du *Faron*,
« et ensuite, si la fortune nous souriait, le fort
« de *Malbousquet* seraient insultés. Une fausse
« attaque fut résolue sur le *Cap Brun*. On espé-
« rait que la prise de l'*Éguillette* nous mène-

(1) Ce second projet était celui de Bonaparte.

« rait à chasser les ennemis de la *petite rade* et
« même des ports ; et à les y brûler si le vent con-
« trariait leur fuite. La place devait être ainsi
« privée des ressources qu'elle recevait inces-
« samment de la mer. Le bombardement devait
« suivre de près ces diverses expéditions ; et cha-
« cun paraissait persuadé que ces mesures cou-
« ronnées de succès seraient suffisantes pour dé-
« terminer la reddition de la place, sans être
« obligé de déployer l'appareil des attaques or-
« dinaires. »

En exécution du projet du commandant Bonaparte, on établit contre la *redoute anglaise* deux
batteries de canon aux *Quatre Moulins*, et une batterie de mortiers sur la hauteur du *Rouquier*.
Sous la protection de ces batteries, on construisit
à quatre cents mètres de l'ouvrage, les batteries
des *Patriotes du Midi*, des *Braves* et des *Hommes
sans peur*. Pour diviser les forces de l'ennemi, et
dans la prévision de l'attaque de la *redoute de
Malbousquet* après la prise de la précédente, Bonaparte plaça la batterie de la *Convention* de huit
pièces de 24 sur la hauteur des *Arènes*, une batterie de quatre pièces de 16 sur celle de la *Gou-
bran*, et une de mortiers sur celle des *Gaux*, toutes
trois contre *Malbousquet*.

Le 29 novembre, le général anglais O'Hara, gouverneur de Toulon, sort avec 6 ou 7,000 hommes, attaque la batterie de *la Convention*, la prend et en fait enclouer les pièces. Le commandant Bonaparte se glisse avec des grenadiers dans le boyau de communication. O'Hara s'y étant avancé seul, est blessé et rend son épée à Bonaparte, qui est nommé colonel.

Les 15 et 16 décembre, trente canons et quinze mortiers foudroient le *petit Gibraltar* et les ouvrages qui le protégent, et cette artillerie fait taire les trente-six bouches à feu de l'ennemi.

Le 17, à une heure du matin, malgré un orage épouvantable, les Français attaquent la *redoute anglaise*: deux assauts sont repoussés ; les retranchements intérieurs et voisins arrêtent l'élan de nos soldats. Bonaparte, à la tête de la réserve, suit le troisième assaut ; et la position est enlevée, après d'héroïques efforts de part et d'autre.

Au lever de l'aurore, l'ennemi tente vainement un retour offensif et se rembarque pour la ville. Victor est blessé. Les Français, maîtres de l'*Eguillette* et de *Balaguier*, construisent immédiatement une grande batterie à droite de l'*Eguillette*. Pendant cette même nuit, le général Lapoype a réussi à s'emparer de toute la hauteur du *Faron* par le *Pas de la Masque*, chemin très-escarpé sur le revers de la montagne.

Les flottes lèvent l'ancre le 18 décembre, emportant l'armée alliée et un certain nombre de Toulonnais compromis, qui ont pu trouver place à bord. Favorisés par un violent mistral qui s'était élevé le matin, les vaisseaux gagnent le large avant que les projectiles de l'*Eguillette* aient pu leur nuire.

« Si le vent les eût obligés de tarder de qua-
« tre heures, ils étaient perdus, écrit Bonaparte:
« une frégate qui était plus mauvaise voilière
« ayant un peu tardé à sortir, s'est trouvée à
« portée de canon, au moment où nos batteries
« de l'*Eguillette* étaient finies. Nous l'avons chas-
« sée à boulets rouges ; et à la grande satisfaction
« de tous les républicains, et à la vue de toute
« l'escadre, nous l'avons brûlée. »

*Correspondance de Napoléon. Lettre au citoyen Dupin ,*
4 nivôse an ii (24 déc. 1793), n° 12 de la Collection.

On se fait difficilement une idée de la terreur et de la consternation de la malheureuse population de la ville, lorsqu'elle se vit ainsi livrée à ses ennemis par ceux qui s'étaient engagés à la défendre jusqu'à la dernière extrémité, et qui fuyaient avant même l'ouverture de la tranchée.

Trois vaisseaux, cinq frégates et deux corvettes furent enlevés de l'arsenal de Toulon par les alliés ; ils brûlèrent, en partant, neuf vaisseaux, trois frégates et un ponton.

« L'armée française, dit Jomini, entra dans
« la place le 19 décembre ; et son premier soin
« fut d'arrêter les progrès de l'incendie. Dans
« cette opération, à la fois sujet et prétexte de
« confusion, des soldats se livrèrent à toute
« espèce de désordre, mais ils furent bientôt
« réprimés ; et si les habitants échappés aux
« horreurs du pillage et de l'incendie eurent
« ensuite à gémir de la barbarie des convention-
« nels, du moins, il faut le dire à la gloire du
« vainqueur, le général Dugommier plaida avec
« toute la chaleur de la philanthropie la cause
« des Toulonnais soumis, mais tombés aux
« mains de leurs ennemis les plus implaca-
« bles. »

Terminons ce récit par un dernier trait emprunté aux Mémoires de Napoléon.

« Les procès-verbaux de l'évacuation tombè-
« rent entre les mains de Dugommier, qui les
« compara à ceux du conseil français tenu le
« 15 octobre : il trouva que Napoléon avait tout
« prévu ; ce vieux et brave général aimait à le

« raconter. En effet, ces procès-verbaux disaient
« que le conseil de défense avait demandé aux
« officiers d'artillerie et du génie, s'il y avait un
« point de la *grande* et *petite rade* où l'escadre
« pût mouiller sans être exposée aux bombes et
« aux boulets rouges des batteries de l'*Eguillette*
« et de *Balaguier* ; que ces deux corps avaient
« répondu que non.

« *Seconde question* : Si l'escadre quitte la rade,
« combien faut-il qu'elle laisse de garnison à
« Toulon ? Combien de temps cette garnison
« pourrait-elle s'y défendre ? *Réponse,* 18,000
« hommes qui pourront à peine se défendre
« quarante jours, s'ils ont des vivres.

« *Troisième question* : N'est-il pas conforme
« aux intérêts des alliés d'abandonner de suite
« la ville, en mettant le feu à tout ce que l'on ne
« peut emporter ?

« Le conseil de guerre opine unanimement pour
« l'évacuation. La garnison qu'on laisserait dans
« Toulon serait sans retraite ; elle ne pourrait plus
« recevoir de secours ; elle manquerait de plu-
« sieurs approvisionnements indispensables ;
« d'ailleurs, quinze jours plus tôt ou plus tard
« elle serait obligée de capituler, et alors forcée

7

« de restituer l'arsenal, la flotte et tous les éta-
« blissements intacts. »

Un rayon de gloire illumina le front du jeune
officier d'artillerie qui venait de donner une
haute preuve de sagacité dans la prise de Toulon.
Il nous a laissé un admirable exemple de la conduite à suivre pour expulser d'un de nos grands
ports une flotte puissante qui aurait réussi à s'en
emparer.

Il est vrai que depuis ce moment, les Anglais
dont les escadres croisaient sans cesse à portée
de nos côtes pendant la durée de la guerre,
n'osèrent plus tenter d'entreprise de ce genre.

### BOMBARDEMENT D'YPRES,

Par les Français, en 1794.

Dans cette brillante campagne, Carnot a pris
la direction de nos opérations militaires ; et la
fortune se déclare contre nos ennemis ; les Anglais sont chassés des Pays-Bas, et les Autrichiens refoulés au delà du Rhin : ces mouvements s'exécutent avec une promptitude incom-
patible avec l'emploi des siéges réguliers ; aussi
le bombardement décide du sort de toutes les

placés : jamais l'attaque ne s'est montrée aussi supérieure à la défense.

Les coalisés qui sont déjà maîtres de Valenciennes, de Condé, du Quesnoy, aspirent à s'assurer la conquête de la Flandre française. Ils se massent autour de Landrecies pour en faire le siége; mais comme ils ont ainsi dégarni leur droite, l'armée française profite de cette faute pour franchir la frontière et pénétrer en Belgique.

Après de vaines tentatives contre Tournay, Pichegru qui commandait en chef, prit le parti de porter son extrême gauche en avant, et d'attaquer Ypres, dans l'espoir d'attirer Clerfayt au secours de cette place; mais le général autrichien ne fit aucun mouvement.

Le siége d'Ypres fut conduit par Moreau avec une grande hésitation, ce qui doit être principalement attribué à la lenteur des mouvements de l'artillerie. On ouvrit la première parallèle à mille mètres environ des glacis. Seize bouches à feu qui tirèrent, le 8 juin, à cette distance, ne produisirent d'effets sensibles dans l'intérieur de la place, que pendant les nuits des 9 et 10. Enfin, le 19 au matin, la deuxième parallèle étant terminée avec ses batteries, seize canons, obusiers et mortiers ouvrirent un feu bien nourri contre la ville et y portèrent l'incendie : les assiégés arborèrent le drapeau blanc vers onze heures.

La garnison de six mille hommes fut faite prisonnière de guerre. Avec ce nombre de soldats, il était pourtant facile de surveiller et contenir une population civile de douze mille habitants ; mais le gouverneur s'était laissé influencer par les sentiments d'intérêt dont l'école française du XVIIIᵉ siècle se montrait animée pour la bourgeoisie des places fortes.

« Me trouvant jusqu'ici trompé dans mon at-
« tente de secours, écrivait-il au commandant de
« l'armée de siége, toute défense de ma part
« pourrait paraître une espèce de témérité, ou de
« l'insouciance pour les suites qui en pourraient
« résulter, ce qui paraît contraire aux principes
« d'honneur et de probité qui doivent pourtant
« être plus chers que la vie.

« Une grande partie des maisons de la ville
« est écrasée et tout le reste ruiné : ces malheurs
« ne parlent que trop en faveur des bourgeois à
« tout cœur sensible. »

On trouva dans la place plus de cent bouches à feu dont une partie en bronze , plus de quarante milliers de poudre, des fusils, des boulets, des bombes et des obus en grand nombre, et surtout une grande abondance de grains, tant dans les magasins publics que dans les greniers des particuliers. La ville avait, en général, peu souffert, à l'exception des quartiers contigus au front d'attaque où plusieurs maisons avaient été incendiées, d'autres presque entièrement détruites par les boulets.

*Relation du siége d'Ypres, par le chef de bataillon du génie Dejean.*

Quand on songe au petit nombre de bouches à feu dirigées contre la place, et à la promptitude des effets produits dès que le tir eut pris de l'activité, l'on ne peut s'empêcher de reconnaître que cette opération fut très-avantageuse et très-économique.

Si le chef de la défense eût fait une étude particulière de l'attaque par le bombardement et du moyen que l'on doit y opposer, il eût sans doute trouvé dans la nombreuse artillerie qu'il avait en magasin, un certain nombre de pièces à mettre en batterie sur le front attaqué, pour imposer silence aux bouches à feu de l'ennemi et l'obliger à lever le siége.

Un bon gouverneur doit être peu sensible,

pour ne pas être faible. Les principes d'honneur qu'invoque le commandant de la place d'Ypres, lui faisaient avant tout un devoir de conserver à son gouvernement, jusqu'à la dernière extrémité, la forteresse dont on lui avait confié la garde.

## BOMBARDEMENT DE CHARLEROY,

### Par les Français, en 1794.

Nous sommes redevables au chef de bataillon du génie Marescot des renseignements que nous avons recueillis sur cette attaque.

Tandis que la gauche de l'armée française assiégait Ypres, le centre, sous le commandement de Jourdan, passait la Sambre avec l'intention de prendre Charleroy. Mais l'armée autrichienne étant venue deux fois au secours de la place et ayant repoussé les Français, le siége dut être fait en trois reprises.

Lors du premier investissement, les généraux Desjardins et Charbonnier chargèrent le commandant Marescot de reconnaître la fortification. Cet officier supérieur s'assura que l'enceinte était en très-bon état; que les contre-gardes ayant été réunies aux demi-lunes formaient autour du

corps de place une enceinte continue, un couvre-
face général dont il faudrait d'abord se rendre
maître; que le chiffre de la garnison se montait à
trois mille hommes ; en sorte que malgré le désir
qu'en avaient les généraux, il n'y avait pas lieu
de recourir à une attaque de vive force.

Le lendemain qui était le 31 mai, ils persistèrent dans leur projet d'escalade ; mais en le
faisant précéder d'un bombardement, dans le
dessein d'intimider la garnison et les habitants.
Aucun officier d'artillerie ne se présentant pour
exécuter les ordres donnés à ce sujet, le commandant du génie détermina l'emplacement de
deux batteries situées, l'une sur la rive droite,
l'autre sur la rive gauche de la Sambre, dans des
chemins creux qui n'exigeaient qu'un bien léger
travail pour y recevoir les pièces. La première
batterie était armée de deux mortiers et de deux
canons de 16 avec leurs grils, la seconde de six
obusiers de campagne et de deux pièces de 12.
Telles étaient les ressources complètes des assiégeants en artillerie.

Dès le 1er juin, les deux batteries commencèrent à tirer, et produisirent tout l'effet que l'on
pouvait attendre de moyens aussi faibles. Quelques incendies se manifestèrent dans la ville qui

répondit par un feu assez vif ; mais l'emplacement des batteries incendiaires était si bien
choisi, qu'aucune pièce ne fut démontée et qu'il
n'y eut personne de blessé.

Ce petit bombardement exécuté sous la direction de Marescot, causa un grand dommage à la
ville : nous le croyons sans peine, puisque les
projectiles arrivant de deux points opposés, pouvaient tomber sur toute la surface et ne laisser
aucune sécurité aux habitants.

Passons maintenant à la troisième reprise du
siége.

Le 24 juin, après onze jours de tranchée, l'artillerie qui avait été retardée dans ses travaux
par l'inexpérience des canonniers (1), déploya
enfin, avec vingt-cinq bouches à feu, toute son
action contre les ouvrages de la place : les canons
des remparts ne purent résister à une attaque
aussi vigoureuse et furent réduits au silence.

_____

(1) L'autorité despotique des membres de la Convention ne tenait aucun
compte aux officiers des difficultés avec lesquelles ils se trouvaient aux
prises. Le représentant Saint-Just fit fusiller dans la tranchée, devant
Charleroy, un capitaine d'artillerie nommé Méras, que l'on accusait de
quelque négligence dans la construction de sa batterie. C'était pourtant,
ajoute Marescot, un excellent sujet.

Saint-Just mécontent des retards de l'attaque, voulut aussi faire tuer les
généraux et le commandant du génie ; mais ses ordres ne furent pas exécutés. Ce lâche et féroce proconsul, s'il faut en croire Marescot, ne parut jamais dans la tranchée.

Profitant de cet avantage, comme ils doivent toujours le faire en pareil cas, les officiers du génie poussèrent les sapes avec activité.

Le général Jourdan somma le gouverneur de lui livrer la place. Celui-ci, dans sa réponse, demanda trois heures pour réunir son conseil ; on lui accorda un quart d'heure, après lequel les batteries françaises reprirent leur feu qu'elles avaient interrompu. Le commandant envoya un autre billet, par lequel il demandait un nouveau délai après lequel il consentait à se rendre : on ne lui fit aucune réponse, et les attaques furent poursuivies.

Le 25 juin, le tir des batteries continua toute la nuit et pendant la matinée; les sapeurs gagnaient beaucoup de terrain : on se trouvait à distance de troisième parallèle.

Vers dix heures, le commandant écrivit que n'étant pas secouru, il demandait à entrer en arrangement; le feu cessa et la capitulation fut signée.

Tâchons maintenant de découvrir la vérité, sous les réticences du narrateur peu sympathique à l'emploi des bombardements.

Il ne nous dit pas sur quoi tirèrent les batte-

ries assiégeantes, après la sommation de Jourdan. L'artillerie de la place était alors désempa-
rée ; on ne pouvait ouvrir la brèche de loin contre
une enceinte extérieure bien flanquée, précédée
de chemins couverts, et sur laquelle il eût fallu
se loger avant de découvrir l'escarpe du corps de
place. Le seul objet que l'artillerie eût à remplir
était évidemment de tirer à l'intérieur de la ville;
et c'est la menace que Jourdan avait sans doute
adressée au gouverneur. Les effets de ce feu,
joints au souvenir du mal qu'avaient déjà fait à la
place les bombes du commandant Marescot trois
semaines auparavant, tels furent les motifs qui
déterminèrent sans aucun doute la reddition de
la place avant l'achèvement de la troisième parallèle. Quels qu'aient pu être le courage et l'activité des officiers qui dirigeaient les sapes, il n'y
avait, dans le degré d'avancement où se trouvaient ces cheminements, rien qui dût inquiéter
l'assiégé au point de le porter à se rendre à l'instant même, surtout après avoir été deux fois
secouru, et lorsqu'il devait croire que l'armée
autrichienne ne tarderait pas à reparaître. C'est
donc la terreur du bombardement qui porta le
gouverneur à ouvrir ses portes.

Il était en effet très-urgent pour les Français
d'obtenir cette capitulation.

« A peine avions-nous pris possession de la
« place, dit Marescot, que le canon se fit enten-
« dre dans le lointain. Ce bruit qui annonçait à
« Charleroy un secours désormais inutile, ré-
« pandit la joie dans l'armée, en même temps
« qu'il inspira le désespoir à la garnison pri-
« sonnière. »

C'est ainsi que dans la défense des places, un
quart d'heure de plus de constance, de fermeté,
suffit quelquefois pour changer en héros, celui
qui allait perdre son honneur militaire par un
acte de faiblesse.

Si, de peur de trop inquiéter la bourgeoisie de
Charleroy, l'artillerie française eût gardé le
silence après l'extinction du feu de la place, et se
fût abstenue de bombarder, laissant le génie
poursuivre ses approches pied à pied jusqu'au
sommet du glacis, à coup sûr, l'on eût été forcé
de lever le siége une troisième fois.

Remarquons en outre que si la brèche eût été
ouverte au corps de place, l'ennemi se présentant pour reprendre la ville aussitôt après la
capitulation, les Français, faute de temps pour
réparer cette brèche et combler les travaux d'attaque, eussent laissé aux Autrichiens un système
de cheminements tout faits, dont ceux-ci eus-

sent pu profiter à leur tour pour rentrer presque immédiatement en possession de la forteresse. Cela prouve que dans certains cas, il peut
y avoir grand avantage à se rendre maître d'une
place, sans en endommager l'enceinte. L'emploi
du bombardement présente un moyen assuré
d'obtenir ce résultat.

Marescot termine son récit par cette observation, qui est d'une parfaite exactitude :

« La victoire obtenue le lendemain à Fleurus
« eut des suites incalculables, qui furent,
« comme chacun sait, la reprise de Landrecies,
« du Quesnoy, de Valenciennes, de Condé, la
« conquête de Maëstricht et la retraite des enne-
« mis au delà du Rhin. Jourdan eût-il gagné
« cette victoire s'il eût été privé du secours de
« l'armée de siége? »

Jomini résout la question négativement.

« Tous les renseignements que j'ai pu re-
« cueillir, dit-il, tendent à me convaincre que la
« retraite des Autrichiens a eu lieu par un or-
« dre donné à quatre heures, sur la nouvelle
« que Charleroy était déjà pris.

« Je ne veux atténuer le mérite d'aucune ac-
« tion : le mouvement de Kléber et celui de Le-

« febvre ont été inspirés par un coup d'œil mili-
« taire juste : ils ont sauvé l'armée d'une grande
« défaite; mais il est probable que ces mouve-
« ments ayant été exécutés isolément et concen-
« triquement, n'eussent pas procuré une vic-
« toire, sans la retraite volontaire de l'ennemi. »

*Histoire critique et militaire des campagnes de la révolution
comparées au système de Napoléon, tome VI.*

L'issue du siége de Charleroy prouve combien
parfois le temps est précieux à la guerre et combien il y importe d'arriver vite à son but. Jamais
l'emploi du bombardement pour accélérer la
chute des places, ne rendit à nos armes un service plus signalé que dans cette circonstance.

## PRISES DE LANDRECIES, DU QUESNOY, DE VALENCIENNES ET DE CONDÉ,

### Par les Français, en 1794.

Par suite de la perte de la bataille de Fleurus,
les armées coalisées se virent obligées de repasser la Meuse, laissant à découvert les quatre places
qu'elles avaient conquises dans la campagne précédente. La Convention rendit alors un décret
portant que les garnisons seraient sommées de se
rendre à discrétion, et que dans le cas de refus,

après un délai de vingt-quatre heures, elles seraient passées au fil de l'épée.

« Ce décret, dit Carnot, alors membre du co-
« mité de salut public et l'un des promoteurs de
« la mesure, avait pour objet de frapper l'ennemi
« d'épouvante, et de le forcer à abandonner sur-
« le-champ les possessions françaises; il n'y
« faut voir qu'une mesure prise pour épargner
« le sang. On voulait agir promptement, sans
« qu'il en coûtât ni travaux, ni temps, ni muni-
« tions. »

L'inflexibilité bien connue de cette assemblée
produisit un grand effet moral sur les garnisons
de trois de ces places, et porta les gouverneurs à
se rendre dans le délai fixé par le décret. Un seul,
le commandant du Quesnoy, osa répondre : *Une
nation n'a pas le droit de décréter le déshonneur de
l'autre : quels que soient les succès des armées françaises, mon intention est de défendre mon poste, de
manière à mériter l'estime de celui qui me l'a confié, et même celle de la nation française.*

En conséquence, les opérations du siége com-
mencées depuis neuf jours, se poursuivirent encore avec vigueur pendant dix jours contre cette
place, jusqu'au couronnement du chemin couvert
d'une demi-lune; c'était la première fois que

le service du génie avait l'occasion de pousser une attaque aussi loin, depuis le commencement de la guerre. Alors le général Planck, gouverneur, demanda à capituler. Il n'avait pu tenir jusque-là, qu'en dérobant à ses troupes la connaissance du terrible décret. On en référa à la Convention qui accorda la vie à tous, en les recevant à discrétion.

Les Français conduisirent régulièrement le siége, parce qu'ils voulurent ménager la population.

Landrecies capitula le 15 juillet, le Quesnoy le 15 août, Valenciennes le 29 août et Condé dans les premiers jours de septembre. Un seul équipage de siége suffit pour les quatre places, qui furent reprises sans peine par les Français, après que leur conquête avait coûté tant de travaux et de sang à leurs ennemis.

Tel est le résumé des comptes rendus de Marescot sur ces affaires. Carnot fait à ce sujet les observations suivantes dans son *Traité de la défense*.

« Après la bataille de Fleurus, l'ennemi étant
« repoussé au loin, nous formâmes sur-le-champ
« le blocus des quatre places tombées en leur

« pouvoir et qui faisaient la trouée : celle de
« Landrecies et du Quesnoy furent d'abord enle-
« vées par des attaques régulières. Mais il res-
« tait les plus importantes ; Valenciennes sur-
« tout, qui avait été parfaitement réparée par
« l'ennemi, complétement approvisionnée, ren-
« fermant une forte garnison et une immense
« quantité d'artillerie. Nous n'avions de notre
« côté aucun des moyens nécessaires pour former
« un siége régulier ; à peine pouvions-nous
« maintenir le blocus : le matériel nous manquait
« absolument ; et cependant il était de la plus
« haute importance pour nous de reprendre ces
« places au plus vite, pour renforcer de ces
« troupes l'armée active qui faisait tête aux en-
« nemis et qui avait grand besoin de secours.

« C'est dans ces circonstances que nous nous
« déterminâmes à sommer les garnisons de se
« rendre à discrétion ; les menaces étaient d'au-
« tant plus violentes, que nous étions moins en
« mesure de rien exécuter. Ces places se ren-
« dirent ; les garnisons furent faites prisonnières ;
« tout le fruit des campagnes employées par
« l'ennemi pour s'en emparer fut perdu en un
« moment ; la trouée fut rebouchée ; nos déta-
« chements rejoignirent l'armée, et nous eûmes

« dès lors sur les coalisés un ascendant qui s'est
« constamment maintenu. »

## BOMBARDEMENT DE MAËSTRICHT,

Par les Français, en 1794.

Le prince de Cobourg que Jourdan poursui-
vait sans relâche depuis la bataille de Fleurus,
prit la route du Rhin, repassa la Meuse et la
Roër et céda au général Clerfayt le commandement de l'armée autrichienne. Maëstricht fut
alors investie par les Français; et Carnot qui
attachait une très-grande importance à la possession des places, pressait vivement la conquête
de cette belle forteresse. Mais Jourdan se contenta de la bloquer avec 15,000 hommes, jusqu'au moment où les Autrichiens battus sur les
bords de la Roër, se virent forcés de repasser le
Rhin à Mulheim, le 5 octobre. On put donc entreprendre le siége sans craindre de le voir interrompu, comme celui de Charleroy; et l'at-
tente du gros matériel d'artillerie fut désormais
la seule cause qui en retarda les débuts.

Le chef de bataillon Marescot fut l'âme de cette
brillante opération. Il proposa d'ouvrir trois
attaques contre la place, réputée l'une des plus

fortes de l'Europe. La première et principale
devait être dirigée sur la *porte de Bois-le-Duc*,
la seconde sur le *faubourg de Wick*, la troisième
sur le *fort Saint-Pierre*.

« En outre, dit-il, nos ennemis nous ayant
« donné à Lille, à Thionville, à Landau, l'exem-
« ple cruel de joindre les incendies aux procé-
« dés ordinaires d'attaque, on proposait de
« mettre en jeu trois batteries incendiaires, dont
« deux placées vis-à-vis les portes de Bois-le-
« Duc et de Bruxelles, devaient enfiler les rues
« qui y aboutissent, la troisième devait porter
« le feu dans *Wick*. L'effet de ces trois batteries
« devait être de couvrir Maëstricht d'une pluie
« de feu, d'y multiplier les incendies, d'en ren-
« dre tous les quartiers inhabitables et de déter-
« miner par la terreur les habitants à en accé-
« lérer la capitulation.

« Ce plan d'attaque communiqué aux repré-
« sentants du peuple, aux généraux, au com-
« mandant de l'artillerie, fut généralement
« adopté et c'est celui qui a été suivi. Seulement,
« le général Bollemont, chef de l'artillerie,
« réduisit à 200 le nombre de 226 bouches à
« feu demandées, se fondant sur l'insuffisance
« des moyens. »

Ainsi, Marescot ne définissait pas le bombardement autrement que nous l'avons défini : à
ses yeux, comme aux nôtres, cette œuvre de
destruction ne s'emploie pas pour le plaisir de
tuer des hommes, ni par esprit de vengeance ;
mais bien dans un but très–utile, celui de hâter
le moment de la reddition de la place.

Voici quel fut l'appareil d'artillerie employé
contre Maëstricht.

*1° Batteries destinées à agir contre les remparts.*

| EMPLACEMENT DES BATTERIES. | ARMEMENT DES BATTERIES. | | |
|---|---|---|---|
| | Canons. | Mortiers. | Obusiers |
| *Attaque principale.* | | | |
| Sur le prolongement des branches de l'ou-vrage à cornes à gauche de la porte de Bois-le-Duc. . . . . . . . . . . . . . | 8 | 3 | 3 |
| Sur le prolongement des branches de l'ou-vrage à cornes à droite de la même porte. . . . . . . . . . . . . . . . . | 6 | 4 | 4 |
| Sur la hauteur de Kouvemberg et sur le prolongement droit du rempart du front d'attaque. . . . . . . . . . . . . . | 6 | » | 4 |
| *Attaque de Wick.* | | | |
| Contre les redans. . . . . . . . . . . | 6 | » | » |
| Sur le prolongement gauche du rempart du front d'attaque . . . . . . . . . . | 8 | 2 | » |
| *Attaque de Saint-Pierre.* | | | |
| Sur le prolongement de la face gauche du fort. . . . . . . . . . . . . . . | 3 | » | 2 |
| Sur la capitale . . . . . . . . . . . | » | 6 | » |
| Sur le prolongement de la face droite du fort. . . . . . . . . . . . . . . . | 4 | » | » |
| Contre les redans de la haute Meuse. . . | 3 | » | 1 |
| TOTAUX . . . . . . . . . . | 44 | 15 | 14 |

2° *Batteries incendiaires.*

| EMPLACEMENT DES BATTERIES. | ARMEMENT DES BATTERIES. | | |
|---|---|---|---|
| | Canons. | Mortiers. | Obusiers. |
| En face de la porte de Bois-le-Duc . . . | 8 | 4 | 4 |
| En face de la porte de Bruxelles. . . . . | 8 | 6 | 4 |
| En face de la porte de Wick. . . . . . . | 6 | 2 | » |
| Totaux. . . . . . . . . . . . | 22 | 12 | 8 |

Ces dernières bouches à feu ne composaient pas le quart de l'équipage : leur tir eut un effet décisif.

Le personnel d'artillerie étant insuffisant et peu habile, et les routes très-mauvaises, ce ne fut que le 31 octobre au soir, c'est-à-dire le septième jour après l'ouverture de la tranchée, que le feu des batteries commença, mais si lentement, que l'assiégé ne pouvait se faire une idée des moyens employés contre lui. Pendant la nuit un léger incendie se manifesta dans la ville.

Le 1er novembre, notre feu se maintint si faible, que la supériorité resta constamment aux batteries de la place : la batterie incendiaire de

gauche ne tira pas. Néanmoins, quelques incendies partiels se firent apercevoir dans la ville,
mais on put les éteindre.

Le 2 novembre, le feu des batteries assiégeantes prit de la vigueur ; celui de la place, vivement contre-battu, diminua sensiblement. A
l'attaque Saint-Pierre, le fort fut réduit au silence
par le tir des six mortiers.

Le 3 novembre , le tir de la place ayant repris
quelque vivacité, fut bientôt calmé par le nôtre
qui déploya enfin toute son intensité. Plusieurs
incendies assez violents se développèrent dans
différents quartiers de la ville. Sur les six heures
du soir, un lieutenant-colonel se rendit au camp,
s'annonçant comme parlementaire ; il remit plusieurs lettres au général Kléber. L'une du Ma-
gistrat (conseil municipal), au prince de Hesse,
gouverneur, priait Son Altesse de prendre en
considération les maux infinis auxquels leur malheureuse ville était en proie, et le suppliait d'entreprendre des démarches pour y mettre fin. Une
autre lettre était la réponse du prince, qui déclarait ne pas être éloigné de rendre la place, si on
lui accordait une honorable capitulation. Cette
offre fut immédiatement acceptée.

Ainsi l'on vit tomber, après trois jours (1) de feux incendiaires, une place attaquée par une armée de 15,000 hommes et gardée par 9,000 soldats. Cette même place était célèbre par la défense qu'y firent en 1676, 4,500 Français contre une armée de 40,000 hommes, sous les ordres du prince d'Orange, qui se vit obligé de lever le siége au bout de quarante jours de tranchée, et après une attaque régulière des plus vigoureuses.

C'est encore à Marescot que nous sommes redevables des renseignements qui précèdent sur l'attaque de Maëstricht, en 1794. Il affirme que ce siége fut déterminé par les considérations suivantes :

« Les Français désiraient posséder une place
« forte sur la Meuse, pour appuyer la droite de
« leurs conquêtes, assurer leurs quartiers d'hi-
« ver, isoler le pays du Luxembourg, prévenir
« les tentatives de l'ennemi à la campagne sui-
« vante ; enfin, pour avoir une grande place
« d'entrepôt qui assurât les opérations ulté-
« rieures de la guerre.

« Dans tout autre temps, une entreprise aussi

(1) Ces trois jours eussent-ils été nécessaires avec une artillerie mieux organisée?

« considérable formée dans une saison aussi
« avancée eût paru tout au moins hasardée ;
« mais nous sommes au temps des miracles mi-
« litaires. »

La valeur française a sans doute contribué à
ce prodige ; cependant, il faut convenir que nos
bombes y ont été pour quelque chose.

« On a trouvé dans la place 359 bouches à
« feu, 200,000 kilogrammes de poudre, 20,000
« fusils, un très-grand approvisionnement de
« projectiles et beaucoup de munitions de bou-
« che. Cette importante conquête nous a coûté
« environ 300 hommes ! »

Un semblable moyen de faire tomber les
places les mieux fortifiées, est bien digne de
fixer l'attention de tout général avare du sang
de ses soldats.

## 2° Guerres de l'Empire.

### ALLEMAGNE.

Dès les premiers événements de la guerre de 1792, on put reconnaître combien nos professeurs de fortification s'abusaient eux-mêmes et nous induisaient en erreur depuis un demi-siècle, en nous signalant le siége régulier comme l'unique moyen de prendre les places, et en laissant ignorer à leurs élèves les prompts et terribles effets du bombardement. Tout le monde comprit alors qu'il fallait désormais compter avec ce dernier mode d'attaque, auquel, malgré certaines déclamations plus ou moins intéressées, nos ennemis s'étaient donné bien de garde de renoncer, tant les avantages leur en avaient paru incontestables.

Mais comme à cette même époque, les places étrangères n'étaient ni mieux tracées, ni plus fortement armées que les nôtres, les leçons que nous reçûmes des Prussiens sur notre territoire ne furent pas perdues pour le gouvernement de la République, qui parvint, en pratiquant à son tour avec le même succès ce mode de réduction, à chasser ses ennemis des Pays-Bas et à s'assurer la possession de ses limites du Rhin.

Lorsque le régime démocratique eut fait place à l'Empire, Napoléon Iᵉʳ eut à déployer la plus grande énergie pour soutenir la guerre contre les puissances européennes. Si l'on étudie la manière dont furent conduits les siéges qui eurent lieu sous son règne, on voit que ce monarque est resté convaincu pendant toute sa vie que l'artillerie joue le grand rôle dans l'attaque, et qu'il faut recourir le plus souvent possible au bombardement si l'on veut économiser son temps, son argent et ses soldats.

C'est surtout en Allemagne que les siéges furent rapidement menés sous sa direction personnelle. Napoléon sut avec un rare talent profiter du moment de faiblesse que montra la vaillante nation prussienne après la destruction de son armée, pour lui enlever toutes ses forteresses. Si nous retraçons ici quelques épisodes de ces désastres, c'est pour mettre en lumière l'opinion du grand Empereur sur la question des bombardements.

## BOMBARDEMENT DE MAGDEBOURG,

Par les Français, en 1806.

Le lendemain des batailles d'Iéna et d'Auerstadt, Napoléon lança ses troupes victorieuses à la poursuite des débris de l'armée prussienne. Sans coup férir et profitant de la panique qui s'était emparée des garnisons et de leurs chefs, ses généraux avaient fait tomber par de simples menaces de bombardement, les forteresses d'Erfuth, de Spandau, de Stettin, de Kustrin, de Hameln et de Nienburg.

Le maréchal Soult qui chassait devant lui des milliers de fuyards auxquels sa cavalerie légère enlevait leurs canons et leurs équipages, arriva le 21 octobre devant Magdebourg, dont il commença l'investissement. Il y fut bientôt rejoint par le grand-duc de Berg et par le maréchal Ney qui venait de s'emparer de la place d'Erfurth. Telle fut la rapidité de la marche des colonnes françaises, qu'elles firent prisonniers une foule de détachements prussiens qui fuyant le champ de bataille, croyaient pouvoir entrer librement à Magdebourg.

Le maréchal Soult somma le général Kleist, gouverneur, de rendre la forteresse, le menaçant

d'un bombardement que les trente mille habitants de cette grande ville redoutaient au plus
haut degré : il lui offrait une honorable capitulation. Le gouverneur répondit qu'il espérait mériter l'estime des Français par une belle défense.

Pendant les quinze jours qui suivirent, on dirigea sur la forteresse le matériel destiné à l'assiéger, et qui provenait des places prussiennes et
saxonnes au pouvoir de l'armée française : on put
alors procéder aux préparatifs de l'attaque. Cette
opération fut dirigée par le maréchal Ney seul,
le corps du maréchal Soult s'étant mis à la poursuite des troupes commandées par le duc de
Weimar.

Au sujet de ce siége, le maréchal Ney reçut la
lettre suivante du maréchal Berthier, major général de la grande armée.

Berlin, le 5 novembre.

« L'Empereur, Monsieur le maréchal, ap-
« prouve fort vos idées, relativement au bom-
« bardement que vous proposez de faire de la
« ville de Magdebourg. J'écris au général Le-
« marrois, à Wittemberg ; j'écris à M. de Thiars,
« à Dresde, pour que l'on vous fasse passer en-
« core huit à dix mortiers et les munitions né-
« cessaires ; j'écris également pour que l'on vous

« fasse passer six pièces de 12. L'empereur
« trouve qu'il serait nécessaire que vous en-
« voyassiez un de vos officiers d'artillerie à Wit-
« temberg et de là à Dresde, pour faire hâter
« l'envoi des objets dont vous avez besoin pour
« votre bombardement : même cet officier pour-
« rait vous procurer de Dresde un équipage de
« siége, si cela devenait nécessaire.

« Les pièces de 24 vous serviraient à tirer à
« boulets rouges. J'écris aux généraux Lemar-
« rois et Songis qu'ils vous fassent passer un
« grand nombre d'obus ; de manière que vous
« puissiez en jeter avec les obusiers que vous
« avez, une très-grande quantité. »

L'envoi de cet attirail de bombardement ne se
fit pas attendre ; car trois jours plus tard, le 8
novembre, la capitulation fut signée, quoique la
place contînt une garnison nombreuse et bien
pourvue.

« Mais, ajoute Mathieu Dumas (1), on peut
« croire que le souvenir du désastre qu'éprouva
« cette ville pendant la guerre de Trente-Ans,
« contribua à abattre le courage des assiégés.
« L'audacieux maréchal Ney pressant le bom-
« bardement et préparant une attaque de vive

(1) *Précis des événements militaires.*

« force, n'était pas moins redoutable que l'im-
« placable Tilly l'avait été pour leurs ancêtres,
« lorsque après le furieux assaut du 10 mars
« 1631, il livra la population au pillage, au
« meurtre et à l'incendie. La ville entière, l'une
« des plus riches et des plus florissantes de l'Al-
« lemagne, fut, à l'exception de deux églises et
« de quelques maisons, réduite en cendres. Le
« temps n'efface pas la trace de ces épouvanta-
« bles calamités : leur tradition écrite sur les
« ruines se transmet d'âge en âge.

« A peine les projectiles lancés par les Fran-
« çais eurent-ils incendié quelques maisons, que
« les habitants effrayés se plaignirent haute-
« ment d'avoir été sacrifiés, eux et leurs pro-
« priétés, pour prolonger une résistance qui
« n'avait plus d'autre objet que l'honneur des
« armes. Le gouverneur Kleist, moins heureux
« que le brave Falkemberg qui, dans le premier
« siége, périt glorieusement en combattant, se
« détermina à rendre la place... La garnison
« défila, le 11 au matin, avec les honneurs de la
« guerre, et déposa, avec ses armes, cinquante-
« quatre drapeaux et cinq étendards. Le nom-
« bre des prisonniers, en y comprenant les ma-
« lades et les blessés, s'élevait à vingt-deux

« mille, parmi lesquels étaient vingt généraux
« et huit cents officiers. On trouva dans la place
« huit cents pièces de canon, un million de pou-
« dre, un grand équipage de pont et un immense
« matériel d'autres objets d'artillerie. »

Ainsi, quelques bouches à feu dirigées contre
les édifices, ont suffi pour faire tomber, en peu
d'heures, au pouvoir des Français, la formidable
ville de Magdebourg, gardée et approvisionnée
comme on vient de le dire.

Cet exemple est une preuve de l'inexactitude
des principes suivants émis par des ingénieurs
militaires.

*Les coups tirés aux maisons ne contribuent en
rien à la prise de la place.*

Vauban, opinion de 1702.

*Landau ayant supporté quatre-vingts jours et
Andaye soixante-huit jours de bombardement, une
grande forteresse pourvue de casemates ferait une
résistance presque indéfinie à ce genre d'attaque.*

Le colonel du génie anglais J. Jones.

*Tout le mal que vous faites à la ville en la bom-
bardant, vous est fait à vous-mêmes par les priva-
tions que vous vous préparez ainsi dans ce séjour
désolé.*

Bousmard.

*Une attaque de ce genre n'a de chances de succès*
*que contre une petite place sans abris et contre une*
*place dont le gouverneur ne peut tenir les habitants*
*en respect, à cause de la faiblesse de la garnison.*

J. Jones.

*Bombardement et absurdité sont synonymes.*

Haxo.

On a prétendu que la garnison de Magdebourg,
quoique nombreuse, était réellement très-faible,
à cause de l'état d'abattement de l'armée après
ses désastres. Nous sommes loin de contester
cette influence, dont il faut tenir grand compte.
Cependant on ne doit pas perdre de vue que les
places fortifiées sont le refuge des armées vain-
cues, et que les obstacles présentés à l'ennemi
par leurs enceintes donnent aux gouverneurs le
temps de remonter le moral des soldats, et de
les préparer à sauver le pays par une résistance
énergique. Le commandant de Magdebourg eut
quinze jours à lui, pour inspirer du courage à ses
vingt mille défenseurs qui pouvaient d'ailleurs
facilement contenir une population de trente
mille âmes.

Il avait d'abord déclaré qu'il se défendrait
vigoureusement ; il n'a pas tenu parole. Loin de
nous la pensée de justifier l'acte de faiblesse
dont il s'est rendu coupable par sa reddition

prématurée. Voici pourtant comment, en se
reportant aux idées de l'époque, on pourrait
expliquer le désaccord qui existe entre son langage et sa conduite.

« Le parti qui avait entraîné la cour de Berlin
« et rendu la guerre inévitable, dit Mathieu
« Dumas, fondait tout son espoir sur la préten-
« due supériorité de la tactique prussienne. Les
« victoires remportées par les Français, le suc-
« cès de leurs vastes plans de guerre, les belles
« opérations stratégiques de Napoléon, n'avaient
« point ébranlé cette confiance : c'était chez les
« militaires prussiens une opinion commune,
« que la fortune avait eu plus de part que le
« génie à ces prodiges si vantés ; que les armes
« françaises n'avaient point encore subi la véri-
« table épreuve, celle d'avoir à combattre contre
« la seule armée qui eût conservé la tradition
« des vrais principes du nouvel art de la guerre,
« et le glorieux héritage du grand Frédéric. »

Adoptant ces idées comme tout bon Prussien, et nourri de la lecture des ouvrages de nos
ingénieurs, le général Kleist n'aura-t-il pas par-
tagé leurs opinions sur la conduite des siéges ?
N'aura-t-il pas regardé le bombardement comme
inefficace ; et ne se sera-t-il pas imaginé que le

général français estimait trop la garnison de
Magdebourg pour vouloir l'attaquer de cette
manière ; et que s'il attendait un plus nombreux
équipage de siége, c'était pour entreprendre
contre la place une série d'opérations régulières,
comme dans les temps anciens. Le gouverneur
secondé par de bons officiers du génie, se com-
plaisait peut-être dans la pensée d'opposer aux
Français une guerre de chicanes et de leur disputer ses approches pied à pied ; et s'ils eussent
adopté ce genre d'attaque, ainsi qu'il l'espérait,
le nombre des illustres défenseurs de forteresses
se fût probablement accru de quelques noms
d'ingénieurs prussiens. Dans cette préoccupa-
tion, le général aura porté tous ses soins sur les
préparatifs d'une défense méthodique qui devait
lui faire honneur ; sans songer que ses ennemis
instruits à l'école prussienne, connaissaient une
marche plus rapide et moins sanglante pour
enlever les places. Napoléon avait besoin du
maréchal et de tout son corps d'armée pour les
opérations ultérieures de la guerre : il lui fallait
la ville en peu de jours et sans perdre beaucoup
de soldats ; dès lors, un siége en règle qui ne la
lui eût pas donnée avant six semaines et qui lui
eût coûté des hommes, ne pouvait être pour lui
qu'un pis-aller.

Mais aussitôt que les bouches à feu du maréchal Ney eurent répandu la terreur dans la place, l'infortuné Kleist, qui, malgré la menace de l'assiégeant, ne supposait pas devoir être attaqué par des bombes et des boulets rouges, ou qui ne croyait pas aux effets terrifiants de ces projectiles, se trouva sans force pour résister aux clameurs du peuple, aux supplications des magistrats, des notables, parmi lesquels il comptait peut-être des parents, des amis.

En considérant les choses sous ce point de vue, le général prussien aurait péché plutôt par erreur d'appréciation que par lâcheté.

On nous objectera peut-être que les Prussiens devaient être familiarisés avec l'emploi des bombardements recommandés par Coëhorn, pratiqués récemment par eux contre les Hollandais, et en 1792 contre deux places françaises. Mais pour ce qui concerne ces derniers événements, personne n'ignore combien alors sur la foi des émigrés, on méprisait les révolutionnaires en Europe. Les succès obtenus dans ces circonstances ne durent donc pas inspirer aux Prussiens une grande confiance en ce genre d'attaque, que les bombardements infructueux de Lille et de Valenciennes achevèrent probablement de discréditer à leurs yeux. Il y avait, dans tous ces faits, de quoi donner une apparence de raison aux ennemis systématiques de ce procédé ; et si Bousmard, devenu l'hôte du roi de Prusse après la paix de 1795, eut quelque influence dans ce pays, elle dut s'exercer dans ce sens ; car c'est lui qui, qualifiant d'affreuse et de barbare cette destination donnée aux bombes, affirme qu'il existe une autre méthode aussi efficace que celle-ci l'est peu, et qu'il suffit d'une étincelle de courage dans une garnison, pour rendre tout bombardement inutile.

D'ailleurs, ce n'est pas tout que d'employer les bombes contre les villes ennemies : il fallait songer aux moyens d'en préserver ses propres cités ; et le malheur n'avait pas encore révélé aux Prussiens que Montalembert était le seul auteur qui procure aux forteresses un moyen efficace pour retarder et repousser les bombardements.

### PRISE DE LUBECK,

Par les Français, en 1806.

Cette ville indépendante, et qui n'était pas en guerre avec la France, eut le malheur d'être assiégée et prise d'assaut par nos troupes ; et voici dans quelles circonstances.

Après la bataille d'Auerstaëdt, dans laquelle les carrés de la division Gudin foudroyèrent les vingt-cinq escadrons de cavalerie, sous les ordres de Blücher, ce général, dans sa défaite, avait pris la direction de Magdebourg. Mais les troupes françaises lui ayant barré le chemin de cette place, il ne put passer l'Elbe qu'à Tangermünde; et réuni au corps du duc de Weimar, mais toujours poursuivi par les colonnes ennemies, il se dirigea vers le Nord, avec l'intention de gagner un lieu d'embarquement sur la côte.

Toutefois, malgré la rapidité de sa marche, il se vit coupé de la Baltique par la cavalerie de Murat; et l'avant-garde du prince de Porte-Corvo était sur le point de l'atteindre, tandis que le maréchal Soult débordait sa gauche. Après plusieurs combats qui lui firent perdre des hommes et du terrain, le général Blücher acculé à la frontière et se trouvant dans l'impossibilité de nourrir son armée, se décida à pénétrer sur le territoire de Lubeck et à occuper cette ville de gré ou de force, pour s'y retrancher et y trouver les ressources qui lui manquaient. Vainement le Sénat de la ville protesta contre cette violation de neutralité, le général prussien répondit que dans sa position critique, la nécessité était l'unique loi. Il s'occupa donc de mettre en état les vieux remparts que les habitants n'avaient pas achevé de détruire : cette négligence leur coûta cher.

Le 6 novembre, les Français ayant obligé les avant-postes à se replier sur la ville, attaquèrent vivement la *Burg-Thor*; et à la faveur d'un grand feu d'artillerie dirigé par le général Eblé, renversèrent les palissades et pénétrèrent dans l'intérieur de la place. La plus grande confusion y régnait parmi les Prussiens; et leur résistance y fut des plus énergiques, puisque la général Blücher y perdit les deux tiers de ses troupes, et parvint avec beaucoup de peine à se sauver, accompagné de quatre à cinq mille hommes.

« Les combats, dit Mathieu Dumas, le carnage
« dans les rues, dans les maisons, sur les places
« et dans les temples ne cessèrent qu'à l'entrée
« de la nuit, nuit affreuse pendant laquelle la
« malheureuse ville de Lubeck fut livrée à tous
« les excès *inévitables après une prise d'assaut.*
« Plus de 30,000 soldats s'y répandirent en dé-
« sordre; et dans cette confusion, les vaincus se
« mêlèrent aux vainqueurs pour prendre part à

« ces scènes de désolation. Les efforts'des offi-
« ciers français, trop longtemps inutiles, arrê-
« tèrent peu à peu la fureur du pillage : plusieurs
« d'entre eux se dévouèrent, au péril de leur
« vie, à des actes d'humanité qui ne sont pas
« les moindres titres à la gloire des armes. Le
« prince de Porte-Corvo rétablit l'ordre, et ne
« négligea rien pour protéger et consoler ces
« malheureux habitants. »

Manso nous apprend que quelques heures suffirent aux Prussiens pour transformer la ville de
Lubeck à moitié démantelée, en un poste redoutable dont la prise coûta beaucoup de sang aux
Français : c'est une leçon dont notre pays pourrait profiter. On fortifie une frontière en détruisant de vieux murs, comme en en construisant
de nouveaux ; et l'on risque, par la conservation
des enceintes déclassées et sans garnison, de
laisser à la disposition de l'ennemi de bons postes
faciles à retrancher, et dont il profiterait pour
nous nuire.

« L'évacuation de Lubeck par les Prussiens,
« ajoute l'auteur allemand, ayant mis un terme
« aux horreurs de l'assaut, les habitants reve-
« nus de leur terreur se croyaient sauvés. Mais
« à l'entrée des vainqueurs qui eut lieu le 6 no-

« vembre, à trois heures de l'après-midi, et tout
« le lendemain, ils se virent plongés dans un
« abîme de misères. L'ignorance complète des
« simples soldats sur les rapports politiques de
« cette ville, l'opinion où ils étaient qu'elle avait
« pris parti pour les Prussiens, et méritait le
« traitement infligé aux places prises d'assaut,
« le sentiment de leurs longs et pénibles efforts
« dont ils attendaient la récompense, la sécurité
« des citoyens qui ne s'attendaient pas à des
« actes de violence, enfin la difficulté de se faire
« comprendre, provenant de la différence des
« langages ; toutes ces circonstances réunies pré-
« paraient aux habitants de tout état, de tout âge
« et de tout sexe un sort tel que, dans ce siècle
« de civilisation, l'histoire se refuse à le tracer. »

Exemple terrible des maux réservés aux cen-
tres de population dans lesquels l'ennemi pénètre de vive force ! L'expérience de tous les temps
prouve que presque toujours le soldat irrité par
les obstacles qu'on lui oppose, échauffé par le
sang qu'il a vu couler sur la brèche, devient
sourd à la voix de ses chefs, et se précipite sur
la ville comme sur une proie. C'est bien alors
que l'on peut dire : malheur aux vaincus !

Toute place qui s'est rendue à la suite d'un

bombardement n'a rien à craindre de semblable ; une attaque de ce genre faite dans le but de
hâter la capitulation, n'est donc pas un si grand
acte de barbarie.

## BOMBARDEMENT DE GLOGAU,

### Par les Français, en 1806.

Le 13 octobre, veille des batailles d'Iéna et
d'Auerstaëdt, l'Empereur avait adressé au roi de
Prusse une lettre dans laquelle il s'exprimait en
ces termes :

« Vos troupes seront battues, mais il m'en
« coûtera le sang de mes enfants : je voudrais
« l'épargner par quelque arrangement compa-
« tible avec l'honneur. »

Le roi qui n'accueillit pas cette proposition au
moment où elle lui avait été faite, saisit, aussitôt
après la catastrophe, l'espoir que lui donnaient
les dispositions pacifiques de Napoléon et lui fit
la demande d'un armistice. Dans les nouvelles
circonstances où il se trouvait, l'Empereur ne
pouvait plus accéder à cette offre. Son adversaire eût profité de ce moment de répit pour
réorganiser son armée vaincue, assurer sa re-

traite sur l'Elbe et attendre derrière ce fleuve les secours de la Russie. Toutefois, après la destruction complète des débris de cette armée et la prise de possession des places de l'Elbe et de Kustrin, Napoléon dicta aux plénipotentiaires prussiens un projet d'armistice aux conditions les plus dures et les plus humiliantes. Frédéric-Guillaume III ne voulut point le ratifier ; et déclara, en le repoussant, qu'il ne regardait pas sa cause comme perdue, et qu'il espérait que les gouverneurs auxquels il avait confié les places de la Silésie et de la Vistule n'imiteraient pas la faiblesse de ceux de Stettin, de Kustrin et de Magdebourg. Son manifeste produisit un bon effet ; et à dater de ce moment, les forteresses prussiennes se défendirent avec plus d'énergie.

Pour porter la guerre sur la Vistule et au delà, l'armée française devait se créer une solide base d'opérations le long de l'Oder. Stettin était l'appui de la gauche de cette ligne, Kustrin celui du centre. Glogau (en attendant la réduction de Breslau) en devait être la droite. C'est dans ce but que Napoléon avait fait pénétrer en Silésie le prince Jérôme, son frère, à la tête d'un corps de Bavarois et de Wurtembergeois. Les extraits suivants de la correspondance du chef d'état-major de la Grande Armée font voir quelle importance l'Empereur attachait à la conquête de Glogau, et comment il entendait que cette opération fût conduite.

### Au Prince Jérôme.

« ... L'Empereur ordonne que Votre Altesse
« envoie le général Deroy pour investir la place
« de Glogau avec 6,000 hommes : ce général
« devra sommer la place et y jeter quelques
« obus pour l'obliger à se rendre. Glogau pris,
« vous vous y porterez avec le reste de votre
« armée. Votre Altesse prescrira au général De-
« roy de se faire éclairer et d'envoyer des partis
« de cavalerie sur Breslau, pour intercepter les
« courriers et par là connaître la situation de
« cette place.....

« Si la place de Glogau était dans une situa-
« tion telle que le commandant persistât à refu-
« ser de se rendre, et qu'on ne puisse l'avoir
« sans faire un siége en règle, ce qui ne paraît
« pas probable, puisque l'on n'a pas eu le temps
« de l'approvisionner ni de l'armer; dans ce cas,
« dis-je, Monseigneur, l'intention de l'Empereur

« est que vous jetiez un pont entre *Zullicau* et
« *Grumberg*, pour, aussitôt que vous en recevrez
« l'ordre, passer l'Oder et appuyer le maréchal
« Davoust qui va recevoir l'ordre de se rendre à
« Posen.

« Il est donc nécessaire que les gros bagages,
« le parc de réserve, les hommes inutiles qui
« suivent toujours les corps restent tous à Grun-
« berg, jusqu'à ce que l'on sache ce que devien-
« dra Glogau. »

Berlin, le 16 novembre.

AU PRINCE JÉRÔME.

« L'Empereur me charge de prévenir Votre
« Altesse qu'elle doit tenir les troupes de Wur-
« temberg sur la rive droite de l'Oder et les
« troupes bavaroises sur la rive gauche... Il faut
« que l'Empereur ait Glogau, telle chose qu'il
« en coûte ; faites donc bloquer strictement cette
« place. Sa Majesté ordonne que Votre Altesse
« impériale fasse réunir des échelles et des fas-
« cines, comme si vous vouliez tenter l'escalade.
« Faites attaquer toutes les nuits les ouvrages
« avancés par de la fusillade, afin de tenir cons-
« tamment la garnison en alerte et sur les rem-

« parts. Commandez, à cet effet, qu'à dix heures
« du soir, à minuit, à deux heures du matin, à
« quatre et six heures, des postes tiraillent sur
« la place : la garnison se trouvant toujours sur
« le qui-vive sera bientôt harassée de fatigue
« et les habitants en alarmes. Faites courir le
« bruit que vous attendez un corps de 6,000
« grenadiers français pour donner l'assaut ; faites
« arriver vos mortiers ; mettez-les en batterie.
« Il est à présumer que quand l'ennemi aura été
« trois ou quatre nuits sur le qui-vive, qu'il
« sera instruit que vous avez une quantité de
« fascines et d'échelles de faites (mais pour cela
« il faut travailler réellement à en faire) ; il est
« probable, dis-je, que le commandant se déci-
« dera à se rendre, aussitôt que vous aurez
« commencé le bombardement. Envoyez votre
« cavalerie par les deux rives de l'Oder, pour
« qu'elle arrive en même temps devant Bres-
« lau. »

Berlin, le 49 novembre.

## AU PRINCE JÉROME.

« J'ai mis sous les yeux de l'Empereur, Mon-
« seigneur, votre lettre. Sa Majesté trouve que
« les observations que vous a faites le général

« Deroy sont très-justes : on ne peut pas pren-
« dre une place d'assaut quand on n'en a point
« fait la brèche. Sa Majesté pense que ceux qui
« ont pu être de l'avis d'une pareille attaque
« ont eu grand tort, car on y perdrait beaucoup
« de monde inutilement.

« Par mes précédentes dépêches, j'ai fait
« connaître à Votre Altesse Impériale les dispo-
« sitions qu'il fallait prendre pour tenir la gar-
« nison en alerte et sur le qui-vive jour et nuit.
« Après l'avoir ainsi fatiguée pendant plusieurs
« jours, après avoir préparé un grand nombre
« d'échelles et de fascines, après avoir mis en
« batterie vos mortiers et toutes vos bouches à
« feu, l'on peut espérer qu'après quelque temps
« de bombardement, l'ennemi demandera à ca-
« pituler.

« Si, malgré tout cela il persiste à se défen-
« dre, il faut se décider à faire un siége en rè-
« gle. Au surplus, une suspension d'armes a été
« signée; et si elle est ratifiée par lo roi de
« Prusse, la place de Glogau doit être remise
« aux troupes de l'Empereur. »

Mézeritz, le 27 novembre.

## Au Général Vandamme.

« L'Empereur ordonne au général Vandamme
« de laisser le commandement de sa division à
« son plus ancien général de brigade, et de par-
« tir sur-le-champ de sa personne avec ses aides
« de camp pour se rendre devant Glogau et y
« prendre le commandement du siége. Il trou-
« vera la place envahie par 8,000 Wurtember-
« geois, et des batteries de mortiers établies ou
« prêtes à établir: ces mortiers et munitions
« viennent de Kustrin. L'intention de l'Empe-
« reur est que le général Vandamme resserre la
« place, lui fasse donner toutes les nuits des
« alertes, qu'il fasse préparer des échelles, afin
« de menacer la garnison d'escalade, et enfin
« de commencer le bombardement qui décidera
« vraisemblablement le gouverneur à rendre
« cette place.... »

Ces ordres font connaître de la manière la plus
explicite quelle était l'opinion de l'Empereur
sur la manière d'attaquer les places ; et consta-
tent qu'un siége méthodique n'était à ses yeux
que l'*ultima ratio* des assiégeants, un procédé

qui faisait périr tant de soldats, que l'on ne devait y recourir qu'à la dernière extrémité. On voit par cette correspondance que s'il n'ajoute pas une foi tout à fait absolue au succès du bombardement, il pense du moins que lorsqu'il s'agissait de prendre des forteresses construites, armées et défendues comme elles l'étaient alors, les chances de réussite d'une pareille entreprise lui paraissaient assez grandes pour que l'on ne dût pas hésiter à les tenter. Nous ajouterons que dans la circonstance actuelle, ces moyens eurent contre Glogau tout le succès qu'en attendait l'Empereur. Les mortiers commencèrent à tirer le 29 novembre ; et le lieutenant général Reinhart, gouverneur, capitula le 2 décembre, aux conditions que le maréchal Ney avait accordées à la garnison de Magdebourg. Celle de Glogau était de 2,500 hommes, et la place possédait 200 pièces de canon approvisionnées.

## ESPAGNE.

Nous avons déjà reconnu par de nombreux exemples, avec quelle rapidité le nouveau mode d'attaque employé par les Français, depuis le commencement de la guerre de la Révolution,

faisait tomber les forteresses ; et nous savons que
ce procédé fut alors préféré dans toutes les circonstances au siége en règle, le seul pourtant
qui s'enseigne encore aujourd'hui dans nos
écoles militaires.

Les ennemis de l'emploi du bombardement,
après avoir pris connaissance des faits que nous
venons de rappeler, pourraient nous répondre
que le bombardement n'eût pas obtenu le même
succès, s'il eût été pratiqué dans un pays où la
cause française eût trouvé moins de sympathie
qu'en Flandre, ou dans d'autres États dont les
armées eussent été moins démoralisées que celles
de Prusse ou d'Autriche.

C'est pour répondre à cette objection que nous
allons jeter un rapide coup d'œil sur quelques
événements de la guerre qui eut lieu en Espagne, au temps de l'Empire. Dans ce pays, la population tout entière excitée par les moines dé-
ployait contre nos troupes un tel acharnement,
que lorsque nous assiégions une ville, on pouvait, sans violer en aucune manière l'ancien
précepte de Vauban, écraser de bombes les édifices publics et particuliers transformés en forteresses : tirer aux maisons, c'était réellement tirer
aux défenses.

Quoique cette considération dût être de nature à enlever au bombardement le prétendu caractère de barbarie qu'une certaine école lui assigne, nos généraux, en l'absence de l'Empereur, eurent le tort de ne pas recourir assez souvent à ce procédé énergique qui a donné là, comme partout ailleurs, d'excellents résultats, dans les rares circonstances où l'on a su l'employer convenablement. La durée des attaques en eût été moins longue, moins meurtrière, moins dispendieuse ; les ressources conquises dans les places eussent été plus considérables, les troupes plus nombreuses pour tenir la campagne ; et par conséquent, les événements de la guerre eussent pu prendre une tournure plus favorable à notre cause.

Nous allons choisir, parmi les siéges nombreux qui eurent lieu dans ce pays, quelques exemples qui suffiront pour nous prouver, que même en Espagne, l'emploi des bombes contre l'intérieur des villes a produit des résultats prompts et décisifs.

### SIÉGES DE SARAGOSSE,

Par les Français, en 1808 et 1809.

Lorsque l'empereur Napoléon eut retenu à

Bayonne le roi Charles IV, la reine et leur fils
Ferdinand, prince des Asturies, et qu'il eut obtenu leur renonciation au trône d'Espagne en
faveur de son frère Joseph, l'indignation générale fut portée à son comble : une insurrection
éclata le 2 mai 1808 dans la capitale; le grand-
duc de Berg dont les troupes occupaient Madrid
fut contraint de repousser par la force cette vio-
lente agression, et le sang espagnol coula dans
les rues. A la nouvelle de cette catastrophe qui
se répandit avec la rapidité de l'éclair, le peuple
entier prit les armes et ne respira plus que
vengeance. Une junte insurrectionnelle se forma
dans chaque province; et les Aragonais ne restèrent pas en arrière du mouvement général.

Tout le monde connaît l'héroïque résistance
de Saragosse, qui ne tomba au pouvoir des
Français qu'après deux siéges terribles, dans lesquels ils perdirent un grand nombre de soldats
et des ingénieurs très-braves et très-distingués.
Un intéressant récit de ces opérations nous a été
donné par le général Rogniat; et, au point de
vue de la défense, nous possédons le *Mémoire* du
colonel du génie don Manuel Cavallero, employé
dans la place. Enfin, nous consulterons l'*Histoire de la guerre de la Péninsule, par le général*

*Foy*, et *les journaux des siéges faits et soutenus par*
*les Français en Espagne, recueillis par M. le chef*
*de bataillon du génie Belmas.* Telles sont les sources auxquelles nous puiserons les détails que
nous allons donner.

Avant l'arrivée des Français devant la place,
les habitants de Saragosse étaient animés contre
eux des sentiments les plus violents d'irritation
et de haine. Cette situation morale est ainsi constatée par le témoin Cavallero :

« Le 24 mai 1808, à huit heures du matin,
« un grand nombre de paysans des paroisses
« de la Madeleine et de Saint-Paul se portèrent
« en tumulte à l'hôtel du capitaine général dom
« Jorge-Juan Guillermi, et pénétrèrent dans son
« appartement, après avoir en chemin désarmé
« sa garde... Leur cri était : *Meure Murat! Vive*
« *Ferdinand VII! Des armes! Des fusils!* Quel-
« ques amis du général s'efforcèrent en vain de
« les arrêter ; ils persistèrent à dire qu'il fallait
« qu'il sortît pour leur distribuer les fusils de
« l'arsenal, parce qu'ils savaient que l'on en
« avait beaucoup vendu aux Français. Guillermi
« lui-même voulut en vain leur démontrer l'ab-
« surdité de ces bruits, leur rappeler l'ancien-
« neté de ses services, les blessures qu'il avait

« reçues en combattant pour le roi et qui étaient
« les garants de sa fidélité. Il fut conduit et
« constitué prisonnier à l'*Aljaféria*. Le lieute-
« nant Mori, commandant en second, reçut le
« commandement ou plutôt devint l'esclave de la
« populace mutinée. Il ne tarda pas lui-même à
« être incarcéré pour faire place à Palafox, qui
« fit son entrée à Saragosse à la tête d'une
« quarantaine de paysans armés. Ce règne de
« la multitude se prolongea pendant toute la
« durée des deux attaques...

« Rien ne pouvait affaiblir le patriotisme et
« l'esprit de vengeance des Aragonais. Ni la
« perte de leur récolte, ni la destruction de
« leurs propriétés, ni ce qu'ils avaient à crain-
« dre de la fureur du duc de Berg, n'influait
« sur les inflexibles résolutions d'hommes dé-
« terminés à préférer une mort honorable à un
« honteux esclavage. Tout le monde pénétré de
« ces nobles sentiments faisait volontiers les
« plus grands sacrifices; et le moindre signe
« d'égoïsme était considéré comme une tra-
« hison.

« Les Aragonais, toujours inflexibles, avaient
« juré de s'ensevelir sous les ruines de leur
« malheureuse cité. L'infortune cependant avait

« abattu quelques âmes moins vigoureuses :
« des esprits rendus plus irritables par la vue
« des malheurs qui les entouraient et de ceux
« qu'ils redoutaient encore, étaient devenus dé-
« fiants, soupçonneux ; ils voyaient dans une
« plainte innocente le crime de la trahison : la
« peine suivait de près, non la preuve, mais
« l'accusation ; et presque tous les matins on
« découvrait des personnes pendues pendant la
« nuit aux fourches patibulaires dressées dans
« la rue du *Cosso* et sur la place du *Marché*. »

Tel fut le régime intérieur de Saragosse pendant la durée des siéges, et c'est par ces moyens
que l'on parvint à soutenir le moral de ses habitants.

La place fut investie, le 27 juin, pour le premier siége ; et le 11 juillet, les lignes françaises
occupèrent les deux côtés de l'Ebre.

« Le 30 juin, à minuit, dit le commandant
« Belmas, Saragosse était ensevelie dans un pro-
« fond silence, lorsqu'une bombe sillonnant les
« airs éclate dans la ville : c'était le signal du
« bombardement, qui se continua toute la jour-
« née du 1ᵉʳ juillet et la nuit suivante. D'abord,
« la terreur fut grande dans la ville ; mais peu
« à peu les habitants se familiarisèrent avec le

« danger et le bravèrent avec un sang-froid in-
« croyable. Un garde placé dans la tour *San-*
« *Felipe* annonçait par un coup de cloche l'ar-
« rivée de chaque bombe. Peu de personnes
« périrent ; et la solidité des édifices construits
« en briques et voûtés préserva la ville d'un plus
« grand ravage. »

On retrouve encore ici la tendance des anciens
officiers du génie à prouver que les bombes ne
font aucun mal ; mais nous devons faire observer
que les Français, à ce siége, n'avaient que huit
bouches à feu placées dans une seule batterie, à
500 mètres de l'enceinte : ce n'était-donc pas un
bombardement sérieux ; et l'on conçoit que le
gardien de la tour ait pu sans peine signaler la
chute des projectiles. Il n'en eût pas été de
même au siége de Valenciennes ; voici ce qu'en
dit le soldat de la Charente :

« Je comptai une nuit, depuis onze heures
« jusqu'à deux, 723 bombes : on en apercevait
« souvent quinze ou dix-huit en l'air ; et j'en ai
« vu partir à la fois huit de la même batterie. »

Il est peu surprenant qu'une attaque incendiaire aussi faible et agissant sur un seul quartier de la ville n'ait pas répandu une terreur générale parmi les habitants. Une faute grave avait

d'ailleurs été commise au début de ce siége ;
elle nous est signalée par le général Foy, dans le
livre V de son *Histoire des guerres de la Péninsule.*

« Le premier principe de l'attaque des places
« par l'artillerie, dit-il, est de n'employer contre
« elles les hommes que quand on a les moyens
« matériels à sa disposition, et même d'attendre
« que ces moyens soient réunis complétement
« avant de les employer; sans quoi l'on se con-
« sume en efforts inutiles , et quand le grand
« coup doit être frappé, les moyens sont insuffi-
« sants. La violation habituelle de ce principe
« est la conséquence naturelle de la pétulance
« et de l'impatience qui sont les bases du carac-
« tère français. Il devait en arriver ainsi, sur-
« tout lorsque l'on faisait un grand siége sous
« les yeux d'un maître impatient qui s'irritait
« de la résistance, qui pressait par ses ordres,
« dont l'opinion était tant à redouter comme
« maître de l'art, arbitre des réputations et
« comme tout-puissant dispensateur des grâces.
« En outre, il était persuadé, et souvent avec
« raison, que l'on faisait mal ou imparfaitement
« partout où il n'était pas.

« Aussitôt qu'une partie de l'artillerie fut ar-

« rivée, on la mit en batterie sur le pourtour
« méridional, à 500 mètres de l'enceinte. Dans
« la nuit du 30 juin au 1ᵉʳ juillet, les Français
« commencèrent à jeter dans la ville quelques
« bombes et obus. Six obusiers et deux mortiers
« de 32 centimètres tirèrent de demi-heure en
« demi-heure : leur feu dura toute la journée du
« 1ᵉʳ juillet et la nuit suivante. »

Tout faible qu'était ce bombardement, on aurait tort de croire qu'il n'intimida personne.
Nous lisons, en effet, dans les *Pièces justificatives*
qui accompagnent le journal du commandant
Belmas, l'extrait suivant des Mémoires secrets
du marquis de Lazan, frère de Palafox :

« Cependant le bombardement continuait
« toujours, et ce jour semblait être le dernier
« de la ville. Plusieurs incendies la dévoraient ;
« et les défenseurs ne savaient où porter du se-
« cours, ni ce qu'ils devaient entreprendre. »

Reprenons le récit du général Foy :

« Pendant le tir des projectiles creux, une
« batterie de dix pièces longues de 8 s'organi-
« sait ; elle était destinée à battre en brèche le
« *Château de l'inquisition*. Ce château, bâti par
« les Maures, et restauré par les rois d'Aragon,
« est à 240 mètres du mur d'enceinte : il est

« carré, flanqué de quatre tours bastionnées,
« avec fossé revêtu et chemin couvert. La bat-
« terie ouvrit son feu le 2 août, à une heure du
« matin ; quatre heures après, le mur était en
« brèche. A cinq heures du matin, on lança des
« troupes contre la place, en six colonnes qui
« furent repoussées. Le couvent de *Saint-Joseph*
« fut enlevé.

« Les munitions de siége étant épuisées, il
« fallut en attendre de nouvelles: on dut renon-
« cer à emporter d'assaut une place si bien dé-
« fendue par la valeur de ses habitants ; et l'on
« se décida à recourir aux procédés lents et ré-
« guliers de l'attaque, contre une ville ouverte
« que l'on avait d'abord cru pouvoir emporter
« avec des tirailleurs. »

On voit que la présomption française s'était
montrée en cette circonstance, en dotant insuffi-
samment l'artillerie du siége. Ce n'était qu'avec
un grand nombre de mortiers et de bombes que
l'on pouvait espérer avoir des chances pour enlever cette ville de vive force.

Après l'arrivée des munitions, on construisit
sept batteries, dont la principale devait ouvrir le
couvent de *Sainte-Engrace*, situé à la distance

de 150 mètres : les batteries les plus éloignées se trouvaient à 400 mètres du mur d'enceinte.

« Les dispositions étant faites, les pièces en
« batterie, et toutes approvisionnées à 300 coups,
« on commença le 4, à la pointe du jour, à battre
« en brèche ; toutes les batteries firent feu à la
« fois, les murs furent criblés de boulets, la
« partie en arrière du front d'attaque inondée de
« bombes et d'obus. A neuf heures, les brèches
« furent jugées praticables ; il n'y avait pas de
« fossé. Deux colonnes d'attaque s'ébranlent au
« pas de charge, l'une emporte le couvent de
« *Sainte-Engrace*, l'autre la *Puerta del Carmen;*
« les défenseurs des brèches sont culbutés ; les
« Français entrent dans la ville, se répandent
« dans les maisons, franchissent les décom-
« bres, s'emparent des canons et font feu sur
« les Espagnols avec leurs propres pièces.

« Mais que ne peut l'amour de la patrie et de
« l'indépendance ! Les habitants de Saragosse
« et la garnison firent ce que l'on n'avait jamais
« vu avant eux. Arrivés au détour de la grande
« rue du *Cosso*, ils se rallièrent et revinrent en
« épaisse colonne sur les assaillants morcelés,
« dispersés dans les maisons, occupés à piller.
« Un feu terrible commença à partir des fenêtres

« et des toits : chaque maison était devenue un
« fort qu'il eût fallu battre en brèche et empor-
« ter d'assaut. Les soldats, abattus par une résis-
« tance aussi désespérée, prirent la fuite ; plu-
« sieurs généraux furent blessés. On n'était pas
« maître de Saragosse : il fallut se contenter de
« ce que l'on avait pris. Les Français se couvri-
« rent dans les rues avec des meubles, des balles
« de laine, des sacs à terre. Cette journée nous
« coûta environ 1500 hommes. »

Nous avons reproduit ces détails pour donner
une idée de l'acharnement des assiégés. Notre
perte totale à ce siége fut de 3,000 soldats. Une
partie de nos troupes s'était logée en ville ; et
l'attaque était en bonne voie de succès, lorsqu'on
reçut l'ordre de lever le siége, par suite de la
capitulation de Baylen. Alors la joie et l'exaltation des Aragonais ne connurent plus de bornes.

Les opérations du second siége se ressentirent
de la mésintelligence si fatale à nos armes, qui
existait entre les généraux français. Tandis que
le maréchal Moncey était engagé dans la longue
et sanglante guerre de barricades à l'intérieur
de la ville, le général Gazan, qui commandait sur
la rive gauche de l'Ebre, n'ayant pas, disait-il,
reçu l'ordre de coopérer au siége, se bornait,

suivant Rogniat, à un blocus peu resserré du
faubourg, jusqu'à ce que l'arrivée du maréchal
Lannes l'eût fait sortir de son inaction. Ce ne fut
qu'au 31 janvier 1809, le vingt-cinquième jour
du siége, que la tranchée fut ouverte devant le
faubourg de Saragosse ; et les batteries de cette
attaque n'ouvrirent leur feu que le 17 février,
c'est-à-dire le cinquantième jour depuis le commencement des travaux sur l'autre rive.

La demande de capitulation eut lieu trois jours
plus tard. Rogniat ne nous dit pas que ce nouveau feu d'artillerie en fut la cause déterminante.
On ne peut cependant en douter, si l'on examine
le plan joint à la relation de cet officier général :
on y voit en effet que trois des batteries de la
rive gauche étaient à bonne distance pour envoyer leurs projectiles jusqu'au centre de la ville,
écraser des quartiers précédemment épargnés et
où l'on pouvait parfaitement se reposer à l'abri
des bombes.

Le maréchal Suchet exprime dans ses *Mémoires* la même opinion sur les motifs qui firent
cesser la résistance.

« Palafox, dit-il, avait fait prendre les armes
« à toute la portion ardente et vigoureuse de la
« population aragonaise. Renfermée dans la

« capitale, elle y luttait chaque jour, pied à pied,
« corps à corps, de maison en maison, d'un mur
« à l'autre, contre l'adresse, la persévérance,
« l'audace sans cesse renaissante de nos soldats,
« conduits par les sapeurs et les ingénieurs les
« plus braves et les plus dévoués.

« Le 18 février, l'artillerie ouvrit un feu for-
« midable et habilement combiné contre un
« couvent du faubourg qui couvrait l'entrée du
« pont. La prise de ce pont, de tout le faubourg
« et de sa garnison, et nos progrès d'un autre
« côté dans l'intérieur de la ville, ne laissèrent
« plus aux habitants de Saragosse aucun espoir
« de secours ni de salut. »

M. Lavallée, petit-neveu du colonel dom Es-
teban Fleury, commandant les Suisses dans
cette place, a publié les détails suivants sur la défense, dans un recueil historique intitulé l'*Uni-
vers*.

« Les habitants avaient une foi aveugle en la
« protection de *Notre-Dame del Pilar ;* un mi-
« racle leur eût paru la chose la plus naturelle
« du monde. Aussi, quand les Français commen-
« cèrent à bombarder la ville, la partie de la
« population qui n'était pas occupée à combattre,
« les femmes, les enfants, les moines, allaient

« se prosterner devant le pilier sacré, près du-
« quel ils se croyaient à l'abri de tout péril....
« Par une circonstance facile à expliquer, dans
« le commencement du siége, cette église fut
« comme respectée par les bombes; et la supers-
« titieuse crédulité des habitants en fut aug-
« mentée. Située au bord de l'Ebre et presque
« en face du pont qui réunit la ville au faubourg,
« elle se trouvait dans l'endroit le plus éloigné
« des attaques.... Mais lorsque le faubourg fut
« emporté, lorsqu'en même temps l'attaque du
« centre se fut avancée jusqu'au *Cosso, Notre-*
« *Dame del Pilar* se trouva des deux côtés à la
« portée des bombes qui ne tardèrent pas à l'at-
« teindre. Leur explosion au milieu d'une foule
« épaisse de femmes, d'enfants et de prêtres, fit
« un affreux carnage, et jeta dans l'esprit des
« habitants qui se crurent abandonnés par leur
« protectrice, une épouvante, un découragement
« que n'avaient pu faire naître deux mois de
« tranchée ouverte, quarante-deux jours de
« bombardement et les ravages de la plus af-
« freuse épidémie. »

La ruine d'un sanctuaire vénéré dut sans doute
produire une impression profonde sur ce peuple
franchement religieux. Toutefois, à cette cause

de démoralisation il faut joindre l'effet causé par l'état sanitaire de la place, par ces terribles fièvres qui désolaient toutes les classes de la société, sans en épargner les chefs, et dont l'origine nous est signalée par le témoin Cavallero.

« Les habitants des maisons qui devenaient
« nécessaires pour les travaux, et qui, d'ail-
« leurs, étaient celles qui se trouvaient le plus
« en prise au bombardement, refluaient dans
« l'intérieur de la ville, où la population se pres-
« sait davantage. On commençait à sentir l'in-
« fluence de l'épidémie. Déjà, depuis huit jours,
« on bombardait continuellement : la plupart
« des habitants s'étaient réfugiés sous les voûtes
« des caves ; et pour se mettre à l'abri de ces
« terribles projectiles, s'exposaient à un danger
« bien plus certain.

« Ces souterrains ne sont destinés qu'à la con-
« servation du vin et de l'huile. Ils n'ont que
« peu de soupiraux ; dans plusieurs même on les
« avait fermés, et l'on se servait de la lumière
« des lampes pendant vingt-quatre heures de
« suite. Souvent un de ces asiles de soixante
« pieds de long sur à peine sept de large, rece-
« vait vingt personnes qui y mangeaient et dor-
« maient sans oser sortir, de peur d'un accident

« peu à redouter ; tandis que l'humidité, l'air
« vicié par la respiration et la combustion conti-
« nuelle de l'huile et du bois, les aliments peu
« salubres pour les personnes qui n'y étaient
« point accoutumées et qui ne faisaient point
« d'exercice, la crainte et les émotions violentes
« surtout, étaient les causes d'une fièvre maligne
« à laquelle elles ne pouvaient échapper. L'é-
« pidémie se communiqua bientôt à la garnison
« (Palafox lui-même en fut atteint). Ainsi, de
« tous côtés se présentait la mort ; et sans effort
« de courage, on aimait mieux l'attendre sur les
« remparts, que d'aller la respirer dans les re-
« traites infectées de la ville. »

On ne peut donc se refuser à reconnaître l'influence qu'eut sur la reddition de la place la
chute de 16,000 bombes, qui dans cette ville,
comme dans celles qui seraient attaquées par de
semblables moyens, obligea toutes les personnes
qui tenaient à la vie et celles qui avaient besoin
de repos, à s'enfermer dans des caves malsaines
devenant pour elles de vrais tombeaux.

Voici les observations du commandant Belmas
sur ce siége mémorable :

« Ainsi tomba Saragosse après un siége de
« cinquante-deux jours de tranchée ouverte,

« dont vingt-neuf avaient été employés à se
« rendre maître de l'enceinte, vingt-trois à che-
« miner de maison en maison. Les Espagnols
« exaltèrent beaucoup cette défense héroïque.
« Cependant, à bien juger les faits, on doit être
« moins surpris de la défense que de l'attaque
« elle-même. Que voit-on, en effet ? D'un côté,
« une armée de plus de 30,000 hommes, accrue
« encore de l'élite de la population du pays et
« réfugiée dans une ville considérable ; de l'au-
« tre, un corps de 12,000 à 15,000 hommes
« fournissant à peine chaque jour 4,000 hom-
« mes de service, tant pour les attaques que pour
« la garde des tranchées et des maisons con-
« quises, pénétrer, malgré tous les obstacles et
« le désavantage du nombre, jusqu'au centre de
« la ville ; s'y maintenir et conserver toujours
« l'offensive ; tandis que l'ennemi, si nombreux,
« pouvait réunir toutes ses forces sur le même
« point, et reconquérir en un moment ce qui
« nous avait coûté tant d'efforts et de peines. Le
« grand éclat de ce siége doit donc rejaillir plus
« encore sur les assiégeants que sur les assiégés. »

Ces réflexions, d'une justesse parfaite, font
apprécier les difficultés avec lesquelles nos troupes se trouvèrent aux prises. Le corps du génie

s'y couvrit de gloire, et ne saurait être en aucune
manière responsable de la mauvaise direction
imprimée au siége de Saragosse. La garnison
et les habitants n'ayant pas capitulé avant l'assaut au corps de place, il fallait absolument s'engager dans les rues barricadées, il fallait emporter une à une ces habitations crénelées comme
des forts et qui vomissaient la mort à tous leurs
étages ; mais, ainsi que le fait observer le commandant Belmas, les rôles étaient changés du
moment où les Français eurent franchi l'enceinte : les Aragonais, enveloppant de toutes
parts leurs ennemis, devenaient en réalité les
assiégeants. Il ne dépendait pas de l'officier du
génie qui risquait chaque jour sa vie à l'attaque
d'un couvent, d'une maison, d'une barricade, de
hâter l'attaque sur la rive gauche dont le retard
fut si préjudiciable à notre armée.

Il eût donc fallu éviter à tout prix d'entrer de
vive force dans la ville et de donner aux troupes
une position aussi désavantageuse. La simulta-
néité des deux attaques eût sans doute abrégé
la résistance ; mais il n'est pas certain que l'on
eût pu échapper ainsi à cette guerre de rues.
Nous croyons fermement que malgré toute l'ani-
mation des Espagnols, leur ville eût été prise de
dehors, comme tant d'autres, si l'on eût envoyé

sur toute la surface un grand nombre de ces
projectiles creux, dont la chute, quoi que l'on en
puisse dire, répandit l'épouvante et dont les habitants conservèrent longtemps un profond souve-
venir. Si cette appréciation est exacte, on voit
combien, toutes les fois que l'on veut entreprendre un siége, il est important, pour la
promptitude du succès, de doter largement en
projectiles le service de l'artillerie.

Napoléon sentit de quelle importance il était
pour sa cause de paralyser les premiers mouvements de révolte contre son autorité, qui éclatèrent dans la capitale de l'Aragon. Aussi, dès le
premier siége, donna-t-il l'ordre de bombarder
la ville, ordre qui ne put être que très-mal
exécuté, avec quelques mortiers et obusiers tirant
lentement et ne pouvant envoyer leurs projectiles que dans une portion limitée de la surface
intérieure. Au second siége, sa volonté resta la
même; et dans l'équipage il fit entrer 34 mortiers et obusiers sur 64 bouches à feu, chacune
étant approvisionnée de 1000 coups. Jamais, depuis le commencement de la guerre, on n'avait
admis une aussi forte proportion de projectiles
creux dans un équipage français.

Malheureusement, la difficulté des transports

d'une part, et de l'autre l'impatience des Français s'opposèrent à ce que les ordres de l'Empereur fussent exécutés comme il l'entendait. On commença le siége avec 28 mortiers et obusiers seulement, approvisionnés de 2,446 bombes et obus, quantité suffisante à peine pour la consommation de deux jours. Le devoir de l'officier d'artillerie est constamment de lutter contre cette pétulance nationale, qui veut toujours que l'on ouvre la tranchée avant d'être en mesure de poursuivre l'attaque.

L'exemple du bombardement de Maëstricht complétement oublié et appliqué à Saragosse eût hâté le dénoûment du siége. Trois puissantes batteries incendiaires établies autour de la place, une dans chacune des attaques ouvertes contre la ville, eussent répandu la terreur dans tous les quartiers, et amené en peu de jours à discrétion cette agglomération confuse de 100,000 personnes entourées d'un cercle de feu et condamnées à une inaction absolue pendant qu'on les eût écrasées. En s'y prenant ainsi, l'on n'eût pas donné lieu aux Aragonais d'exalter aussi haut leur résistance.

L'humanité eût eu, en somme, beaucoup moins à souffrir de ce vigoureux bombardement ; car la ville eût capitulé bien avant d'avoir vu périr 54,000 hommes, chiffre auquel se monta la perte des Espagnols pendant le siége. Ici, d'ailleurs, presque tous les habitants agissant comme soldats, on ne devait pas être arrêté par la crainte de frapper des personnes inoffensives.

On fit donc une grande faute, en ne distribuant pas les mortiers aux trois attaques, dès le commencement du siége, et ne suspendant pas le tir tant que tous les projectiles n'étaient pas arrivés. A la vérité, les mortiers furent portés en avant, à mesure que la défense perdait du terrain ; mais ce ne fut qu'à la longue que leurs effets destructeurs purent se faire sentir. Néanmoins, malgré cette marche vicieuse, il est de toute évidence que la chute des bombes contribua très-efficacement à hâter la fin du siége. Sans elles, les habitants n'eussent pas éprouvé le besoin de se réfugier dans leurs caves; les fièvres n'eussent pas sévi avec la même intensité; peut-être même ne se fussent-elles pas développées. Palafox conservant sa santé n'eût pas déposé son pouvoir entre les mains de la junte qui rendit la place (1); enfin les Aragonais, au lieu de nous

(1) La Beaumelle, chef de bataillon du génie, traducteur et ami de Ca-

livrer leur capitale après nous avoir disputé seulement le tiers de sa surface, eussent accompli
le vœu de leur chef, en poussant la résistance
jusqu'au point où il voulait tenir : *Hasta la ultima tapia* (1)!

## SIÉGE DE LÉRIDA,

Par les Français, en 1808.

Ce fut le premier siége dirigé dans ce pays par
le maréchal Suchet; il y fit preuve d'une haute
capacité militaire. Nous nous contenterons, pour
faire connaître toute sa pensée, de reproduire
quelques passages de ses *Mémoires sur la guerre
d'Espagne.*

« La fortification de la place était en bon état
« et renfermait une artillerie et une garnison
« capables d'en prolonger la défense, sous le
« commandement du général Garcia Conde, ma-
« réchal de camp jeune et actif. Indépendam-
« ment des troupes réglées, la ville renfermait,
« avec une population exaltée, beaucoup de
« paysans des campagnes voisines, qui, animés

---

vallero, affirme que Saragosse ne se serait pas rendue de sitôt, sans l'épidémie et sans la maladie du gouverneur.

(1) *Jusqu'à la dernière cloison !* Ce fut le cri de Palafox, en quittant
le dernier conseil de guerre auquel la maladie lui permit d'assister.

« des mêmes sentiments, étaient accourus avec
« des armes et des vivres. Le général Suchet
« jugea que, dans une guerre populaire, ces
« moyens de défense pourraient tourner à l'a-
« vantage de l'attaque, s'il parvenait à diriger
« les opérations du siége contre le moral des
« défenseurs.....

« Vers le 12 mai au soir, les deux brèches du
« bastion *del Carmen* paraissaient larges et ac-
« cessibles ; des déserteurs suisses y passèrent
« dans la nuit et vinrent dans nos tranchées.
« On apprit par eux que des coupures et des
« batteries dans l'intérieur de la ville étaient
« établies pour nous combattre au moment de
« l'assaut.

« Cette circonstance attira l'attention du gé-
« néral en chef. Comme il l'avait espéré dès le
« commencement du siége, il voyait le gouver-
« neur, au lieu d'isoler et de préparer la défense
« du château, persévérer dans celle de la ville,
« quoique le moment de capituler fût arrivé
« pour elle. C'était sans doute un effet de l'in-
« fluence qu'avait sur ses conseils la population
« armée, qui avec plus d'ardeur que de pru-
« dence, servait d'auxiliaire à la garnison. Le
« général français résolut en conséquence d'en-

« lever sans plus de retard les deux redoutes
« sur le plateau de *Garden* et l'ouvrage à cornes.
« Le vaste terrain qu'ils couvraient aurait pu,
« au moment de l'assaut de la ville, devenir un
« asile pour ses habitants; son intention au con-
« traire était de les forcer à se réfugier au châ-
« teau, précisément dans l'espoir d'en abréger
« le siége et d'en diminuer les malheurs. »

Après avoir raconté la prise de ces ouvrages
et l'assaut donné aux brèches qui furent rapidement escaladées, l'auteur continue ainsi :

« Le général en chef aspirait à un résultat
« beaucoup plus important que celui dont la
« valeur des troupes venait de couronner ses
« efforts. Eviter, s'il était possible, le siége du
« château, était un succès incomparablement
« plus utile. Il fit entrer par le pont le colonel
« Robert du 117ᵉ, et le dirigea vers la porte
« *Saint-Antoine.* Alors toutes les troupes, par
« un mouvement concentrique, s'attachèrent à
« pousser la garnison et les habitants à coups
« de fusil, de rue en rue, de maison en maison,
« vers la partie haute et vers le château, afin de
« les forcer à s'y réfugier. Le feu du château sur
« la ville, en augmentant le danger et la frayeur
« des habitants, contribua à les précipiter pêle-

« mêle avec la troupe vers les fossés et les ponts-
« levis. Poursuivis par nos soldats, ils se hâtè-
« rent de pénétrer dans l'enceinte et de s'y
« renfermer, sans que le gouverneur eût le
« temps d'ordonner qu'on les repoussât ou la
« force d'exécuter cet ordre.

« Nos mortiers et nos obusiers ne cessèrent
« de tirer toute la nuit et le lendemain pendant
« la matinée. Chaque bombe, dirigée sur l'es-
« pace étroit qui contenait cette multitude,
« tombait sur des groupes entassés de combat-
« tants et de non-combattants et portait la des-
« truction et le désordre. On sent que les efforts
« du gouverneur et des militaires les plus déter-
« minés devaient être enchaînés par la présence
« de ces femmes, de ces enfants, de ces vieil-
« lards et de ces paysans sans armes, qui de la
« fureur populaire tombaient tout à coup dans
« le découragement et dans la crainte de la
« mort. Comme le général Suchet s'en était
« flatté, ces dispositions eurent un effet prompt
« et décisif. Le 14, à midi, un drapeau blanc
« flotta sur le donjon; et bientôt après un par-
« lementaire vint proposer de se rendre et de-
« mander des conditions. »

Ce serait bien ici le lieu de fulminer avec

Bousmard, Jones et autres de la même école,
contre un pareil raffinement de barbarie ; et de
s'indigner de la combinaison du général qui,
se disposant à bombarder un château, prend
soin d'avance d'y agglomérer une foule tellement
compacte d'habitants de tout âge et de tout sexe,
que chaque éclat de ses projectiles ne peut manquer d'en atteindre plusieurs. Loin de songer à
s'en faire un crime, le maréchal Suchet, ce brave
et loyal militaire, cet administrateur intègre et
sage dont le nom est resté cher aux vaincus, est
le premier à s'applaudir du succès de son plan.
« Sans cette circonstance, dit-il, nous eussions,
« malgré tous nos efforts, passé deux mois sous
« ce château justement renommé, dont l'arme-
« ment est du double plus considérable qu'en
« 1707 (1) et la garnison plus du triple. »

Pour nous, profondément convaincu que le
maréchal, en agissant comme il l'a fait, a diminué
les retards et les malheurs du siége, nous admi-
rons sans réserve sa conduite qui ne présente
que l'apparence de la cruauté, qui est justifiée par
les lois de la guerre et dont personne n'eut jamais la pensée de lui faire un reproche. Grâce à

(1) Époque à laquelle le duc d'Orléans (le régent) attaqua le château qui
soutint un long siége.

l'habileté du général en chef, quinze jours de tranchée ouverte suffirent pour nous assurer cette place, malgré toute l'opiniâtreté de nos ennemis ; et les Français renfermés dans son enceinte, cessèrent d'avoir à redouter les bandes armées de la Catalogne, qui étaient déjà venues, sous le commandement d'O'Donnel, les harceler à *Margalef*, et qu'un siége prolongé leur eût infailliblement attirées sur les bras.

Le général Valée et le colonel Haxo étaient chefs du génie et de l'artillerie au siége de Lérida.

### SIÈGE D'ALMÉIDA,

Par les Français, en 1840.

Ce fait militaire offre un exemple remarquable de l'utilité des bombardements et de l'économie énorme que ce genre d'attaque peut produire.

Une garnison de 6,000 hommes défendait la place. L'artillerie et le génie étaient commandés par les généraux Eblé et Lazowski, et l'équipage était ainsi composé :

```
                    ( de 24. . . .  15 )
Canons. . . . .{  de 16. . . .  10  |
                    ( de 12. . . .  12 }  62 bouches à feu.
Obusiers de 16 cent. . . . . .  12  |
Mortiers et pierriers. . . . . .  13 )
```

Voici les détails que nous lisons sur cette attaque dans le récit du commandant Belmas :

« Toutes les batteries françaises commencè-
« rent leur feu le 26 août, à six heures du matin,
« et obtinrent bientôt une supériorité marquée
« sur celui de la place. Quelques maisons de la
« ville furent incendiées, et plusieurs dépôts de
« poudre firent explosion sur les remparts du
« front d'attaque. A quatre heures du soir, la
« place ne tirait presque plus ; alors les projec-
« tiles furent particulièrement dirigés dans la
« ville.

« A sept heures, une détonation épouvanta-
« ble se fit entendre : la terre trembla tout à
« coup, et l'on vit s'élever du centre de la ville
« un immense tourbillon de feu et de fumée.
« Deux bombes lancées de la première batterie
« étaient tombées à la fois sur le grand magasin
« à poudre du château qui renfermait 150,000
« livres de poudre et y avaient mis le feu. Ce fut
« l'éruption d'un volcan. La cathédrale et les
« trois quarts des maisons furent détruites. Cinq
« cents habitants et un grand nombre de soldats
« de la garnison, parmi lesquels cent vingt ca-
« nonniers, furent ensevelis sous les ruines. Le
« reste des troupes ne fut préservé que par les

« casemates qu'elles habitaient : nous-mêmes
« perdîmes quelques hommes. Les tranchées fu-
« rent remplies de décombres, et des blocs
« énormes de pierre et des pièces du plus gros
« calibre furent projetés dans la campagne par-
« dessus les remparts. A la suite de cette explo-
« sion, un violent incendie se manifesta dans la
« ville et dura toute la nuit : nos batteries d'obu-
« siers et de mortiers continuèrent le bombar-
« dement. »

La place capitula le lendemain : c'était une
conquête importante. On y trouva 174 bouches
à feu, peu de poudre, 500,000 cartouches d'infanterie.

« On y recueillit aussi, ajoute le colonel Au-
« goyat, 300,000 rations de biscuit, 100,000 ra-
« tions de viande, et un approvisionnement con-
« sidérable de riz et de vin ; parce que le gou-
« verneur Sir William Cox, qui passait pour un
« homme obstiné, avait promis une résistance
« de quatre-vingt-dix jours. »

Mais ce gouverneur comptait sans doute sur
un siége régulier, et n'avait pas fait entrer dans
ses prévisions les effets du tir des bombes.

## BOMBARDEMENT DE VALENCE,

Par les Français, en 1812.

Le général Suchet venait, par d'habiles manœuvres, de renfermer dans cette place le général Blake et son armée, et voulait faire cette
armée prisonnière sous les murs de Valence.
Craignant une nouvelle Saragosse, l'Empereur,
dont les vues se portaient déjà sur la Russie,
espéra terminer la guerre d'Espagne par un coup
d'éclat, et mit de grandes ressources à la disposition du général. L'équipage de siége se composait de 86 pièces de 24 et de 16, et de 24 obusiers et mortiers.

Cette grande ville de commerce, peuplée de
soixante mille habitants, encombrée de seize
mille soldats de la même nation que de nombreux revers avaient démoralisés, se trouvait
dans des circonstances très-favorables pour
qu'un bombardement pût y réussir. Celui de Valence eut un succès d'autant plus rapide, que
l'on y divisa, comme à Maëstricht, les obusiers
et les mortiers en plusieurs batteries éloignées
l'une de l'autre autour de la place, et qui pouvaient ainsi répandre leurs projectiles creux sur

toute la superficie. Ici même l'enceinte était tellement faible, que l'on put s'abstenir de contrebattre l'artillerie espagnole ; en sorte que Valence fut prise sans qu'on lui tirât un seul coup de canon. Trois jours de feux incendiaires ont suffi pour la réduire.

Voici quel était l'armement des quatre batteries incendiaires construites contre la place.

| DÉSIGNATION DES BATTERIES. | Obusiers de 22e. | Obusier de 16e. | Obusiers de 15e. | Mortiers de 32. | Mortiers de 27. | Mortiers de 22. |
|---|---|---|---|---|---|---|
| Batterie des Capucins . . . . . . . . | » | » | » | 8 | » | » |
| Redoute. . . . . . . . . . . . . . | » | 1 | » | » | » | 2 |
| Batterie de Ruzaffa . . . . . . . . | 4 | » | 2 | » | 2 | » |
| Batterie à la droite de Saint-Vincent. | 3 | » | » | » | 2 | » |
| TOTAUX. . . . . . . . | 7 | 1 | 2 | 8 | 4 | 2 |

Ces batteries n'envoyèrent dans la ville que 2,700 projectiles. Le maréchal se rendit ainsi maître, en moins de huit jours de tranchée ouverte et à bien peu de frais, d'une grande forteresse, d'une armée de 16,000 hommes et 18,000 chevaux, de 374 bouches à feu, 26,800 projectiles, 12,000 fusils, 90,000 kilogrammes de poudre et 3,000,000 de cartouches.

La prise de Valence donne un démenti formel à l'assertion du colonel Jones, qui prétend que d'immenses ressources en artillerie seraient nécessaires pour réduire une grande ville par le bombardement.

Pendant le tir des obusiers et des mortiers, le service du génie poussa ses cheminements vers l'enceinte ; ce qui fait supposer au colonel Augoyat que la crainte d'éprouver le sort de Tarragone détermina la capitulation de Valence. L'appréhension des maux futurs put bien exercer quelque influence sur l'issue du siége ; mais certes, la première et la plus puissante des raisons qui déterminèrent la chute de la place, fut le sentiment des maux présents, maux terribles que chaque minute augmentait et qui menaçaient toutes les existences. La fureur du peuple eût fini par se tourner contre Blake et ses troupes, s'ils n'eussent prêté l'oreille à ses clameurs.

*Extrait du rapport du général Blake, au conseil de guerre, sur la reddition de Valence.*

« Dans la journée, vers deux heures de « l'après-midi, le bombardement commença « et fut continué nuit et jour les 6, 7 et 8 jan- « vier. Ses ravages sur les édifices et parmi les « habitants furent terribles ; la dévastation s'é-

« tendit de toutes parts, et les gémissements du
« peuple allaient toujours croissant. La situation
« était en effet d'autant plus cruelle, que la ville
« n'avait aucun abri à l'épreuve de la bombe. »

On trouve la phrase suivante dans la délibération des autorités militaires sur le même sujet.

« Tous les membres ci-dessus désignés s'étant
« réunis, Son Excellence leur a fait connaître la
« sommation du général ennemi; et elle a té-
« moigné le désir d'avoir l'avis de chacun d'eux
« sur ce qu'il fallait faire dans les circonstances
« critiques où se trouvait la place. Le conseil a
« pris en considération tout ce que les habitants
« ont souffert depuis trois jours par le bombar-
« dement, les cris du peuple qui demande la fin
« de ses maux.... »

Il ne faudrait pas croire que l'esprit de la population fût ici plus favorable aux Français que
dans les autres villes d'Espagne. Les habitants
de Valence s'enorgueillissaient encore de l'échec
qu'ils avaient fait subir trois ans auparavant au
maréchal Moncey, lorsqu'il voulut y pénétrer de
force à la tête d'une forte colonne. Sa tentative
fut vaine, et il fut obligé de se retirer avec une
perte de deux mille hommes.

A son entrée dans la ville, le maréchal Suchet,

malgré sa mansuétude habituelle pour le vaincu,
se vit contraint de sévir contre un grand nombre de personnes. Cinq cents moines furent dirigés sur la France ; cent quarante-huit, trop
vieux, furent renfermés dans un couvent à huit
lieues de la ville, et cinq des plus coupables, qui
promenaient dans les rues la bannière de la foi
et prêchaient sur les places publiques au moment de la capitulation, pour exciter encore le
peuple, durent être fusillés.

« Sur treize mille paysans des environs de
« Valence qui avaient pris les armes, écrit le
« maréchal Suchet au prince Berthier, j'en ai
« fait arrêter 480 comme suspects ; ils partent
« liés pour la France. Parmi eux se trouve un
« assez grand nombre de chefs de guérillas :
« plusieurs ont été fusillés ou vont l'être. Dans
« sa fureur, le marquis de Palacio était parvenu
« à organiser en milices dix mille habitants ; et
« les hommes de soixante-dix à quatre-vingts
« ans avaient des postes assignés dans la dé-
« fense de la ville. Je les ai tous fait réunir au-
« jourd'hui : toute la ville tremblait de voir les
« chefs de famille enlevés. Le général Robert a
« eu de la peine à obtenir des officiers qu'ils
« fissent connaître les plus coupables ; j'espère

« finir pourtant par les découvrir ; trois des plus
« furieux sont au château et seront fusillés ;
« 350 étudiants, servant d'auxiliaires à l'artil-
« lerie et tous fort exaltés, seront conduits en
« France. J'ai ordonné la dissolution de tous ces
« corps. Tous les assassins des Français seront
« recherchés et punis ; déjà plus de 600 ont été
« exécutés par la fermeté du juge espagnol Ma-
« resco. »

Les détails qui précèdent prouvent que la
chute des bombes sur les maisons d'une ville est
le calmant le plus énergique que l'on puisse opposer à l'exaltation de ses habitants. La fureur a
besoin de mouvement, d'agitation pour se soutenir : nous lui avons malheureusement fourni
cet aliment à Saragosse, par la manière dont
furent conduites les attaques contre cette place.
En frappant au contraire des gens irrités que l'on
tient dans l'impossibilité de nuire, on voit leur
rage s'apaiser tout à coup, comme au château
de Lérida, comme à Valence.

### SIÉGE DE CIUDAD-RODRIGO,

Par les Anglais, en 1812.

Lord Wellington n'employa que du canon

contre cette place, et ne voulut pas qu'elle fût bombardée, par égard, nous dit le capitaine John May, pour la nation espagnole, alliée de l'Angleterre. Mais les malheureux habitants n'eurent guère à se louer de cette attention que l'on avait pour eux.

« La ville ayant été prise d'assaut, dit le com-
« mandant Belmas, devint le théâtre du plus
« affreux désordre. Les vainqueurs se livrèrent
« au pillage ; aucune maison ne fut épargnée; ils
« mirent le feu en plusieurs endroits, et le sac
« dura toute la nuit.

« Le jour vint éclairer les horreurs de cette
« scène. Lord Wellington ne parvint à faire
« cesser le désordre qu'en faisant évacuer la
« ville, où il ne laissa que quelques postes pour
« rétablir la tranquillité et arrêter les progrès
« de l'incendie, qui dura six jours et menaça de
« consumer toute la ville. »

## SIÉGE DE BADAJOZ,

### Par les Anglais, en 1842.

Cette ville fut encore plus maltraitée que la précédente, malgré la preuve d'intérêt que le général anglais avait cru donner à ses habitants en n'y faisant pas envoyer de bombes pendant le siége. Le maréchal Suchet nous donne, d'après un témoin oculaire, la description suivante de ce qui se passa dans la ville de Badajoz, après qu'elle eut eu le malheur d'être enlevée d'assaut par les Anglais, et d'être évacuée par la garnison française.

« Les scènes qui suivirent sont trop horribles
« et trop dégoûtantes pour être racontées. Que
« l'on se représente tous les excès que peuvent
« commettre trois ou quatre mille hommes ar-
« més, la plupart complétement ivres, et beau-
« coup sans aucune idée de morale, courant çà
« et là dans une ville livrée à leur merci. Il est
« juste, cependant, de déclarer que cette con-
« duite ne fut pas générale. Plusieurs d'entre
« nous risquèrent leur vie pour sauver des
« femmes sans défense ; et quoiqu'il fût alors
« très-dangereux pour les officiers de se pro-
« duire, j'en vis quelques-uns, dans ce jour
« d'horreurs, déployer autant de courage dans
« l'intérêt de l'humanité qu'ils en avaient fait voir
« la veille en montant à l'assaut (1). »

(1) Voyez *La vie d'un soldat,* ouvrage imprimé à Glascow, publié par extraits dans le *London magazine,* et traduit dans la *Revue britannique,*
*page,* 55, *tome VII, numéro de septembre* 1826.

Le général Napier nous présente en ces termes
le tableau de la désolation de la ville.

« Maintenant se développe une série hideuse
« de crimes où vient se ternir le lustre de l'hé-
« roïsme de nos soldats. Tous, il est vrai, ne se
« montrèrent pas les mêmes ; car des centaines
« risquèrent et perdirent la vie en s'efforçant
« d'arrêter une licence effrénée ; mais la dé-
« mence prévalait généralement, il faut le dire ;
« et comme, en pareil cas, la pire espèce d'hom-
« mes dirige les autres, toutes les passions les
« plus détestables de la nature humaine s'assou-
« virent au grand jour. Une rapacité sans pu-
« deur, une brutale intempérance, une luxure
« sauvage, la cruauté, le meurtre, des cris de
« douleur et de pitoyables lamentations, des gé-
« missements, des cris de joie, des imprécations,
« le rugissement des flammes qui dévoraient les
« maisons, le fracas des portes et des fenêtres
« brisées, le bruit des fusils qui servaient d'in-
« struments à la violence, voilà le spectacle
« effrayant qu'offrirent les rues de Badajoz pen-
« dant deux jours et deux nuits. Enfin, le troi-
« sième jour, quand le sac de la ville fut con-
« sommé, quand les soldats eurent été mis à
« bout par leurs propres excès, le tumulte s'é-

« teignit de lui-même avant d'avoir pu être maî-
« trisé : on songea alors à visiter les blessés et
« les morts... »

On frémit à la pensée que toutes ces horreurs
retombaient sur un peuple ami de la Grande-
Bretagne. Quels excès ces barbares n'eussent-ils
pas commis dans nos villes, en 1814, s'il leur
eût été donné de s'en rendre maîtres par la
force! Quoi qu'en puisse dire l'ancienne école
des ingénieurs, un chef militaire qui laisse commettre impunément de pareils forfaits, désho-
nore bien plus ses soldats, que s'il eût conquis
la forteresse qu'il attaque après l'avoir bombardée. Personne ne peut affirmer d'avance que le
siége le plus régulier ne se terminera pas par
l'assaut de la dernière brèche, et que l'entrée de
l'assiégeant ne sera pas suivie de pareils désordres. Tels sont pourtant les maux auxquels on
expose les villes, que par un sentiment bien irré-
fléchi d'humanité, l'on croit devoir s'abstenir de
bombarder.

### SIÉGE DE SAINT-SÉBASTIEN,

#### Par les Anglais, en 1813.

Un obus de l'assiégeant qui communiqua le

feu à un dépôt de cartouches et de projectiles creux en arrière et près des défenseurs de la brèche de la courtine, causa du trouble parmi les Français, et détermina le succès de l'assaut et la retraite de la garnison dans la citadelle. Ces événements eurent lieu le 31 août.

Le siége fut très-meurtrier de part et d'autre : les Anglais y perdirent 5,069 hommes; et les 3,185 soldats français, qui défendaient la place, furent réduits à 1,858, dont 1,377 présents sous les armes, le reste hors de combat.

Maîtres de la ville par suite de l'explosion dont nous avons parlé, les assiégeants s'y livrèrent à leurs excès accoutumés, ainsi que le prouve cet extrait du manifeste de la junte municipale.

« La ville de Saint-Sébastien a été incendiée
« par les troupes anglaises, après avoir éprouvé
« de la part de ces troupes un sac horrible et
« tel que l'on n'a l'idée de rien de semblable
« dans l'Europe civilisée... A l'entrée des alliés,
« la joie, l'affection et le patriotisme des loyaux
« habitants, longtemps comprimés par la sévé-
« rité des Français, éclatèrent de toutes les fa-
« çons; mais insensibles à des démonstrations
« aussi sincères, aussi pathétiques, ils y répon-
« daient par des coups de fusils tirés contre ces

« mêmes croisées et balcons d'où partaient les
« cris de joie, et sur lesquels périrent un grand
« nombre d'habitants, victimes de l'expression
« de leur amour pour la patrie : présage terrible
« de ce qui allait se passer !

« O jour à jamais malheureux ! ô nuit cruelle !
« on négligea jusqu'aux précautions que sem-
« blaient indiquer la prudence et l'art militaire
« dans une place dont l'ennemi occupait le châ-
« teau, pour se livrer à des désordres inouïs, et
« tels que la plume se refuse à les décrire. Le
« pillage, l'assassinat, le viol furent poussés à un
« point incroyable ; et le feu que l'on découvrit
« pour la première fois à l'entrée de la nuit qui
« suivit la retraite des Français, vint mettre le
« comble à cette scène d'horreurs. On n'enten-
« dait de toutes parts que les cris de détresse
« des femmes que l'on violait sans avoir égard à
« leur tendre jeunesse ou à leur vieillesse res-
« pectable, des épouses outragées sous les yeux
« de leurs époux, des filles déshonorées en pré-
« sence de leurs parents... Ces excès durèrent
« plusieurs jours, sans que l'on prît aucune me-
« sure pour les arrêter. Ils paraissaient autori-
« sés par les chefs ; puisque les objets volés
« dans la ville étaient publiquement vendus à

« la vue et dans le voisinage du quartier gé-
« néral...

« Lorsque le 25 juillet, nous avions vu arriver
« des prisonniers anglais et portugais, nous
« avions volé à leur secours ; les femmes les
« plus délicates couraient à l'hôpital pour leur
« prodiguer des soins, et leur chercher du linge
« et des vivres. La récompense de tant de fidélité
« et de dévouement a été la destruction de notre
« ville !

« Nous répondons sur nos têtes de l'exacte
« vérité de cette relation que nous avons tous
« signée. »

*Observations sur la guerre d'Espagne
au temps du premier empire.*

Dans nos sociétés modernes, chaque État
confie le soin de sa défense à une armée permanente ; et sous cette puissante égide, la masse de
la population étrangère au métier des armes
peut librement et paisiblement vaquer à toute
espèce de travaux, même en temps de guerre.
Un conquérant qui pénètre dans les provinces
d'un de ses voisins avec des intentions hostiles,
n'a donc à lutter d'ordinaire qu'avec une seule

classe d'hommes, qui est spécialement chargée
de veiller au maintien de l'indépendance de
l'État envahi.

Ainsi que nous l'avons remarqué, la guerre
de la Péninsule nous présente sous ce point de
vue un caractère tout exceptionnel. Nos ennemis
les plus terribles, les plus acharnés dans ce pays,
n'étaient point les soldats. Les actes de l'Empereur avaient soulevé les populations contre notre
armée ; et le nom de Français était exécré de
tous les Espagnols. Chacun en prenant les armes
agissait, non pour se conformer à l'exemple des
autres, mais pour obéir à un sentiment d'irritation personnelle. Parmi les nations de l'Europe,
aucune, en effet, ne devait être plus odieuse à
ces populations ardentes jusqu'au fanatisme, que
la nôtre, au sortir d'une révolution où elle avait
officiellement abjuré ses croyances et se présentait à tous les yeux, encore souillée du sang des
ministres de la religion.

Aussi, le clergé catholique, si puissant chez
nos voisins, n'hésita-t-il pas à se mettre à la tête
de l'insurrection, et à soulever contre nos soldats,
par des proclamations incendiaires , ces masses
haineuses et vindicatives, au sein desquelles l'in-

tolérance avait jadis immolé tant de victimes sur
les bûchers de l'inquisition.

« Aux armes, Galiciens, Asturiens ! s'écriait
« la junte de Valladolid, aux armes ! celui que
« vous combattez est un impie. Il a relevé le
« temple des Juifs, dépouillé le Pape de ses do-
« maines, dispersé le sacré collège des cardi-
« naux. Il ébranlerait l'église, si les portes de
« l'enfer pouvaient prévaloir contre elle. Vous
« combattez pour votre terre natale, vos pro-
« priétés, vos lois, votre Roi, votre religion, et
« la vie à venir. Armez vos esprits de la crainte
« de Dieu ; implorez le secours de l'immaculée
« conception ; la sainte mère de Dieu ne nous
« abandonnera pas dans une si juste cause ! »

Foy, Histoire des guerres de la Péninsule.

On comprend l'effet que ces paroles et beaucoup d'autres non moins violentes devaient produire sur des hommes irrités. Ajoutons que certains faits au début de la guerre, tels que les
sacs de Cordoue et de Torrequemada, contribuèrent à doubler l'exaltation produite par ces
manifestes. Dès leur entrée dans ces villes, les
pillards français, certains de ne rien trouver à
leur convenance dans les pauvres maisons par-
ticulières, et n'étant retenus par aucun frein re-

ligieux, couraient de préférence aux églises et aux couvents, et portaient des mains avides et sacri- léges sur les objets consacrés à la vénération pu- blique. Les Espagnols furieux châtiaient ces crimes par des atrocités inouïes commises sur les personnes qui leur tombaient entre les mains.

« De tous les ressorts qui portent l'homme à « mépriser la vie, à braver la mort, écrit le gé- « néral Rogniat (1), le plus puissant sans doute « est le fanatisme. Il place les récompenses dans « un autre monde, au delà de cette courte vie « qu'il nous habitue à regarder avec indiffé- « rence ; il nous les représente grandes, par- « faites, sublimes, éternelles, et nous les figure « en un mot au gré de nos désirs ; enfin, il nous « persuade que c'est pour la plus juste des « causes, celle du ciel, que nous combattons « contre des hommes pervers soumis à l'injus- « tice et à l'erreur. »

Tel étaient bien réellement les sentiments des Espagnols à l'égard de nos troupes ; aussi peut- on affirmer que l'histoire moderne ne nous offre pas d'autre exemple d'un pareil acharnement. Néanmoins, malgré l'état violent des esprits, quand nos généraux ont employé avec des

(1) *Considérations sur l'art de la guerre, chap. XII.*

moyens suffisants les procédés incendiaires contre les places, on a vu cette ardeur, cette surexcitation religieuse,—source abondante de courage,—paralysée à la minute, et remplacée dans toutes les âmes par la crainte de la mort.

Nous avons dit que les Français eurent le tort de recourir beaucoup trop rarement à ces procédés énergiques. Les siéges réguliers qu'ils livrèrent presque en toutes circonstances imprimèrent une grande lenteur à nos opérations et durent nous causer de grandes pertes.

Lorsque Wellington voulut nous reprendre les places que nous avions conquises, il crut devoir renoncer à l'emploi du bombardement, par égard pour les populations des villes, alliées de la Grande-Bretagne (1). Privé de cette formidable

(1) Voici ce que coûta d'hommes à Wellington la condition qu'il s'imposa de ne pas bombarder les places espagnoles.

| DÉSIGNATION DES SIÉGES. | DURÉE. | PERTES en hommes. | OBSERVATIONS. |
|---|---|---|---|
| 1er siége de Badajoz . . . | 9 jours. | 750 | Levé en mai 1811. |
| 2e idem. . . . . . . | 19 — | 485 | Levé en juin 1811. |
| 3e idem. . . . . . . | 22 — | 4834 | Armée de siége 16,000 h. |
| Siége de Ciudad-Rodrigo. | 11 — | 1340 | |
| Siége du chât. de Burgos. | 34 — | 2064 | |
| Siége de Saint-Sébastien. | 60 — | 3780 | D'après le colonel Belmas, les Anglais y auraient perdu 5,069 hommes. |

Cet état est extrait de la *Collection des journaux des siéges entrepris par les alliés dans la Péninsule, pendant les années 1811 et 1812,* par John Jones, colonel du génie.

ressource, et sentant mieux que nous le prix du temps, il s'est constamment écarté de la méthode régulière, dans le but d'abréger les siéges.

« Pour prendre une ville régulièrement forti-
« fiée suivant le système moderne, nous dit le
« capitaine d'artillerie John May (1), c'est-à-dire
« une place dont l'escarpe est entièrement cou-
« verte par la contrescarpe et le glacis, la seule
« manière sûre et efficace consiste à s'approcher
« de la crête des glacis par une série de paral-
« lèles et de tranchées, éteignant le feu de la
« place au moyen du tir de plein fouet et à rico-
« chet, et enfin à battre l'escarpe en brèche.

« Mais ce mode d'attaque ne parut nullement
« nécessaire contre des places telles que Ciudad-
« Rodrigo, Badajoz et Saint-Sébastien qui sont
« fortifiées à l'ancienne mode (2), et dans les-
« quelles, sur une longueur de 600 mètres envi-
« ron, les murs d'escarpe sont découverts de
« loin jusqu'au pied et permettent par consé-
« quent d'ouvrir la brèche à distance, comme le

(1) *A few observations on the mode of attack and employement of heavy artillery at Ciudad-Rodrigo, and Badajoz in 1812, and St-Sebastian in 1813.* London, 1849.
(2) La même observation peut s'étendre aux diverses enceintes attaquées par les Français, en Espagne.

« firent les Anglais, et d'enlever la place en
« brusquant l'assaut.

« Dans la première méthode, le canon n'est
« qu'un accessoire ; ici il joue le rôle principal,
« puisqu'il devient inutile de construire une se-
« conde et une troisième parallèles, ainsi que
« tous les travaux qui suivent. »

Cette dernière marche fut en effet habituellement suivie par Wellington et presque toujours
avec le succès qu'il s'en était promis. Si quelquefois elle fit défaut, on doit l'attribuer à l'insuffisance du matériel d'artillerie. Le capitaine May
convient que les attaques de vive force coûtèrent
du monde aux Anglais ; mais il faut remarquer
que la rapidité avec laquelle furent menés les
siéges de Ciudad–Rodrigo et de Badajoz en 1812,
eut le grand avantage de bouleverser les combi-
naisons des maréchaux français, qui se trouvant
à la tête d'armées supérieures en nombre, ne
purent les concentrer à temps pour venir au secours de ces deux importantes forteresses.

Cela prouve qu'à la guerre il y a presque toujours avantage à tenter les procédés expéditifs.
Si le général anglais se fût embarrassé dans les
lenteurs des siéges méthodiques, la suite des

événements de cette campagne porte à croire
qu'il eût été forcé de livrer des batailles dans lesquelles, suivant toute apparence, il eût perdu
beaucoup plus de soldats que ce qui périt sous
les murs de ces places par suite de l'emploi de
son système accéléré.

Le mode rapide dont Wellington a fait usage
n'était pas inconnu à nos bons auteurs français.
Bousmard a consacré un chapitre de son *Essai
général sur la fortification*, aux attaques irrégu-
lières et brusquées par lesquelles on arrive au
but, en supprimant la plupart des travaux d'approche.

« Cette dérogation à la marche et aux règles
« habituelles, dit-il, ne peut avoir lieu que par
« des circonstances extraordinaires ; par le dé-
« faut d'une fortification mal adaptée au terrain,
« ou par des irrégularités de terrain extrême-
« ment nuisibles à la place (1), ou par un dé-
« nûment plus ou moins complet de cette place
« en moyens de tout genre et particulièrement
« d'artillerie (2), qui permettent de s'en appro-

(1) Tel était le terrain des environs de Tortose, des défectuosités duquel
Rogniat sut si bien profiter pour terminer le siège de cette place en treize
jours.
(2) Verdun s'est trouvé dans ce cas, en 1792 (Voir plus haut, tome II,
page 20).

« cher tout à coup, beaucoup plus qu'on ne le
« ferait sans cela, ou enfin par toutes ces cir-
« constances réunies et combinées suivant des
« proportions diverses.

« Presque toute place en terrain irrégulier,
« comme elles y sont pour la plupart, donne
« lieu du plus au moins à cette diminution des
« formes et des travaux de son attaque ; et c'est
« même là l'objet de la recherche et du choix
« que l'on fait des points par lesquels on veut
« attaquer.

« Ainsi, découvrir et saisir dans les circon-
« stances, soit de la fortification, soit du terrain
« environnant une forteresse, le point faible qui
« permet d'en abréger le siége, loin de sortir de
« la règle, d'y faire exception et d'en infirmer
« l'autorité, est au contraire l'application la plus
« heureuse de cette règle, le triomphe de l'art
« le plus éclatant.

« Ouvrir la place étant le but de toute atta-
« que, c'est à y parvenir le plus promptement
« possible que doivent tendre tous les efforts de
« l'assiégeant. Si l'on peut commencer par là,
« il n'est rien que l'on ne doive tenter pour
« réaliser un semblable avantage ; et s'il est
« quelque position que l'on puisse prendre tout

« d'abord, de laquelle on puisse battre la place
« en brèche dans un endroit accessible, on peut
« bien risquer quelque chose et se soumettre à
« quelques pertes pour s'y établir tout de suite.

« Les places environnées de hauteurs se lais-
« sent souvent voir jusqu'au pied de leur revê-
« tement, à 400 ou 600 mètres; et quoique à cette
« distance une brèche soit longue et difficile à
« faire, cependant elle se fera toujours, et même
« assez promptement si l'on emploie une batte-
« rie de force suffisante. »

Bousmard a raison; car le problème posé à
l'ingénieur n'est pas seulement de prendre la
forteresse attaquée, mais de s'en rendre maître
avec la moindre perte possible de temps ou de
soldats. Mais tout le monde n'a pas le coup d'œil
militaire de Wellington; et tandis qu'en faisant la reconnaissance d'une place, les officiers
français choisissaient de préférence les fronts
bastionnés pour les assiéger suivant les principes,
ce général portait toute son attention sur les
parties de l'enceinte les plus vieilles et les plus
défectueuses, afin d'abréger l'attaque.

Le capitaine John May établit le parallèle suivant entre la durée des siéges faits aux mêmes

forteresses espagnoles par les Français et les Anglais.

Le 11 juin 1810, le maréchal Masséna commença les opérations contre Ciudad-Rodrigo, qui capitula le 10 juillet avant l'assaut au corps de place : durée totale du siége, vingt-neuf jours.

Par sa méthode, le duc de Wellington a pris d'assaut cette même place en onze jours, après y avoir fait deux brèches, c'est-à-dire en dix-huit jours de moins que les Français.

Le maréchal Mortier commença le siége de Badajoz le 28 janvier 1811, et la ville se rendit le 10 mars, ce qui fait quarante et un jours.

Badajoz fut pris par les Anglais à la suite d'une attaque qui dura vingt jours,—vingt et un jours de moins que les Français. Nous devons en outre faire observer, à l'avantage de nos voisins d'outre-Manche, que ces places furent sensiblement mieux défendues par nos soldats que par les Espagnols ; les soldats de Wellington eurent donc de plus grands obstacles à vaincre.

Il est vrai que nos opérations devant ces deux places laissèrent beaucoup à désirer ; et la seconde fut attaquée par un des points les plus forts de son enceinte.

Nous avons déjà eu l'occasion de constater
que les ingénieurs français, en se présentant
devant une place espagnole, ne pouvaient l'observer qu'au seul point de vue de la facilité
qu'elle présentait aux attaques régulières, puisque c'était le seul procédé que l'école leur eût
enseigné; tandis qu'on leur laissait ignorer les
principes très-justes qu'expose Bousmard, dans
le cas particulier où se trouvaient précisément
les forteresses d'Espagne. Les Anglais furent
mieux avisés que nous : ils firent preuve de con-
naissances plus étendues que les nôtres dans
l'art d'attaquer les places ; et ils surent profiter
de cet avantage pour assurer le succès de leurs
efforts.

*Observations sur la marche que Napoléon*
*a imprimée aux siéges.*

Après avoir constaté dans notre première partie
combien l'opinion des ingénieurs français du
XVIII° siècle était peu favorable au développement du rôle de l'artillerie dans la guerre des
siéges, nous avons cru devoir donner quelques
détails sur les attaques de forteresses qui eurent
lieu au début de la guerre de la République, pour

bien familiariser les lecteurs avec l'élément nouveau qui s'introduisit à cette époque dans notre manière d'attaquer les places, le bombardement, qui nous procura de si brillants succès.

Nous avons glissé plus légèrement sur les siéges accomplis dans les campagnes dirigées par Napoléon. Le petit nombre d'exemples que nous avons cités est suffisant pour faire apprécier sa manière, et montrer combien à ses yeux était puissante l'action de l'artillerie sur des places imparfaitement armées et mal tracées, comme elles l'étaient de son temps.

Mathieu Dumas nous présente en ces termes l'éloge de ce grand souverain :

« Napoléon, qui avait réduit à un petit nombre « d'axiomes les résultats de son expérience et « de ses profondes méditations sur l'art de vain- « cre, ne connut de revers que lorsqu'il dévia de « ses propres principes : ceux qu'il suivit le plus « constamment et auxquels il dut ses plus bril- « lants succès à la guerre, en politique, en ad- « ministration, furent d'une part le meilleur « emploi du temps, et de l'autre la continuité « de tension de toutes les forces morales et phy- « siques dont il pouvait disposer pour accomplir « ses desseins. »

Nous ajouterons à cet éloge que Napoléon connaissait parfaitement ses contemporains, leurs mœurs, leur degré de courage : il appréciait l'influence que les développements de la civilisation et de l'industrie avaient acquise à la bourgeoisie dans les pays qu'il cherchait à dompter. Officier d'artillerie, il ne pouvait ignorer les effets de terreur produits par l'explosion des bombes au milieu des villes, et pensait avec raison qu'en dirigeant les projectiles incendiaires par-dessus la tête des défenseurs, pour aller frapper cette puissante bourgeoisie dans ses personnes et ses propriétés, il ne pouvait manquer d'avoir bon marché des places fortes. Cette prévision s'est constamment réalisée ; et un grand nombre de forteresses sont tombées en son pouvoir, avec une immense économie de temps, de finances et de sang humain.

C'est ainsi qu'il put se rendre maître en quelques mois de la Prusse et de l'Autriche, malgré les places très-nombreuses qui protégeaient ces Etats. Eût-il obtenu d'aussi brillants succès, s'il n'eût pas voulu se départir de l'ancienne méthode d'attaques régulières pratiquées comme du vivant de Louis XIV ? Le premier début de Napoléon dans la carrière fut précisément une lutte contre ce système.

Néanmoins, on ne saurait nier qu'à une certaine époque de sa vie, il a parlé des bombardements avec mépris : *ils ne sont comptés pour rien à la guerre,* écrivait-il au ministre de la marine le 9 septembre 1809. C'est à ce même moment qu'il inspirait à Carnot son beau *Traité de la défense des places,* et qu'il dictait à Bernadotte les instructions dont nous avons reproduit un extrait dans cette seconde partie (page 70).

Il ne faut voir en cela qu'une opinion de circonstance. Le sort des armes venait alors de rendre l'Empereur maître de presque toutes les places de l'Europe; et il devint tout naturellement intéressé à s'en conserver la possession. En conséquence, il fut le premier à discréditer lui-même les moyens qu'il avait employés avec tant de succès pour faire tomber ces places. Ses idées nouvelles à ce sujet, et les châtiments qu'il infligea aux signataires de capitulations prématurées, produisirent tout l'effet qu'il en attendait; et il fut redevable à ces doctrines, développées avec talent par Carnot, de plusieurs beaux exemples de résistances opiniâtres que donnèrent des officiers français détachés au cœur de l'Allemagne, bien loin de leur pays, et qui se maintinrent dans leurs postes jusqu'à la paix.

Mais lorsqu'un revers de fortune eut transporté ce souverain sur son rocher de Sainte-
Hélène, il put se recueillir pendant son exil,
embrasser d'un coup d'œil l'ensemble de sa vie
militaire, et porter sur les choses un jugement
plus impartial qu'au moment où il se trouvait
aux prises avec les événements. Alors il avait
cessé de démentir son passé, de renier ses œu-
vres, lorsqu'il émettait les idées suivantes en
présence du comte de Lascases, qui les a re-
cueillies.

« Au surplus, disait l'Empereur après avoir
« parlé des travaux des armées grecques et ro-
« maines, l'histoire ancienne est longue et le
« système de guerre a changé souvent. De nos
« jours, il n'était plus celui des Turenne et des
« Vauban. Aujourd'hui les travaux de campagne
« deviennent inutiles ; le système même de nos
« forteresses était devenu problématique et sans
« effet ; l'énorme quantité de bombes et d'obus
« changeait tout. Ce n'était plus contre l'horizon-
« tale que l'on avait à se défendre, mais contre
« la courbe et la développée. Aucune des places
« anciennes n'était désormais à l'abri : elles
« cessaient d'être tenables ; aucun pays n'était
« assez riche pour les entretenir. Le revenu de

« la France ne pouvait suffire à ses lignes de
« Flandre ; car les fortifications extérieures n'é-
« taient guère aujourd'hui que le quart ou le
« cinquième de la dépense nécessaire ; les case-
« mates, les magasins, les établissements à
« l'épreuve de la bombe, voilà désormais ce qui
« était indispensable et à quoi l'on ne saurait
« suffire. »

Mémorial de Sainte-Hélène, réimpression de 1824,<br>
2<sup>e</sup> volume, page 446.

Ainsi pensait Napoléon dans les dernières
années de sa vie ; et les progrès que l'artillerie
a réalisés depuis cette époque ont donné une
force nouvelle à l'arrêt qu'il prononce contre les
places de son temps.

## Changements survenus dans l'art de la fortification depuis la paix de 1815.

De hautes destinées ont arraché à ses passe-
temps favoris un des souverains les plus intelligents de notre époque : en lisant les *Etudes sur
l'artillerie*, le public a pu juger du mérite et de
la patience de leur laborieux auteur, et apprécier la justesse de ses idées.

Ses recherches se terminent à la fin du règne

de Louis XIII, c'est-à-dire lorsqu'elles allaient acquérir un nouveau degré d'intérêt en se rapprochant du temps actuel. En notre qualité d'ancien officier d'artillerie, nous regardons cette interruption comme un fait regrettable au point de vue du métier.

Au moment où la plume va s'échapper des mains de l'auteur, il embrasse d'un regard l'espace qu'il vient de parcourir, signale en des termes que nous avons déjà eu l'occasion de reproduire, l'influence des armes de jet sur la fortification, l'attaque et la défense des places, et la révolution tellement complète qui s'est opérée dans cette branche de l'art militaire, qu'il n'y a plus rien de commun, si ce n'est le but, entre les procédés modernes et ceux que l'on employait dans l'origine:

« Il est à remarquer, ajoute-t-il en termi-« nant, que si la fortification est devenue de « plus en plus compliquée et de plus en plus « coûteuse, elle est pourtant parvenue jusqu'ici « à mettre la défense en état de lutter sans infé-« riorité contre l'attaque.

« A la fin du règne de Louis XIII, la prise « d'une place fortifiée par tous les moyens en « usage n'était rien moins qu'assurée, tant que

« la garnison conservait des munitions et des
« vivres. Il y avait donc à peu près équilibre
« entre l'attaque et la défense: il n'en sera plus
« ainsi dans la période qui va suivre, où nous
« verrons l'art de l'attaque acquérir sur la dé-
« fense une supériorité qu'il a conservée jusqu'à
« nos jours. C'est à la France que reviendra
« l'honneur de ce nouveau progrès. »

Études sur l'artillerie, par Louis-Napoléon Bonaparte,<br>Président de la République. Dumaine, 1851.

Oui, sans doute, l'introduction des parallèles
et du tir à ricochet dans les procédés de la
guerre des siéges, a conquis à l'art de l'attaque
une prédominance incontestable sur l'art de la
défense: il n'est pas un officier français qui n'en
soit convaincu; mais cette prédominance s'est
encore bien accrue par des perfectionnements
d'un autre ordre.

Nous avons déjà constaté que dans le temps où
Vauban, par ses heureuses innovations, facili-
tait à son souverain la conquête des forteresses
étrangères, l'école hollandaise de Coëhorn rendait des services non moins remarquables à l'art
d'attaquer les places, en recommandant l'emploi
du bombardement. Pendant le XVIII° siècle,
cette école s'est maintenue en Allemagne parallè-

lement à celle de Vauban, dont elle a adopté les procédés, en cas d'insuccès, pour la dernière période de l'attaque; mais elle n'a jamais recours au siége en règle, qu'après avoir affaibli la résistance, en soumettant la ville au tir d'une grande quantité de bombes parties de la *zone de l'artillerie*. Cette école a conservé ses traditions jusqu'à nos jours ; et grâce à la faiblesse de l'armement des places bastionnées, elle a presque toujours réussi à les faire capituler prématurément et à éviter à ses soldats les dernières opérations du siége, si lentes et si meurtrières.

L'auteur des *Études sur l'artillerie* constate les bons effets produits sur l'attaque par les parallèles et le ricochet; mais s'il eût continué son ouvrage jusqu'à la fin des guerres de l'Empire, il eût été sans doute forcé de signaler les bons effets d'un procédé qui a déterminé la reddition presque immédiate de cent vingt forteresses, et de reconnaître que la combinaison des méthodes de Vauban et de Coëhorn met la défense dans un tel état d'infériorité, que l'illustre prisonnier de Sainte-Hélène n'a fait qu'exprimer une grande vérité, lorsqu'il a déclaré que le système des places bastionnées était devenu très-faible, par suite de l'énorme quantité de bombes et d'obus que l'on y envoie. *Aucune des places anciennes,* ajoute-t-il, *n'est désormais à l'abri : elles ne sont plus tenables.*

Témoins des faits nombreux qui avaient inspiré à Napoléon cette opinion défavorable sur la fortification contemporaine, les généraux les plus illustres de son époque y eussent adhéré sans la moindre hésitation. A leur tête eussent figuré Dumouriez et Moreau, qui s'emparèrent en un tour de main des places des Pays-Bas ; Victor, qui vit tomber Toulon ; Jourdan et Bernadotte, qui assistèrent à la chute de Maëstricht ; Berthier, interprète habituel de la pensée de son maître ; Ney, qui bombarda Magdebourg ; Murat, Soult et Lannes, sous les yeux desquels ces faits s'accomplirent ; Vandamme, le rapide vainqueur des places de la Silésie, etc.

Faudrait-il déduire des paroles sévères de l'Empereur contre les forteresses de son temps, la conséquence que tira Joseph II de la théorie des siéges fictifs de Cormontaingne, et raser les enceintes de toutes nos villes fortifiées, comme le fit cet empereur d'Allemagne, qui, pour s'épargner des frais d'entretien, ordonna la démolition des places de la Flandre ? Loin de nous la pensée de donner un semblable conseil. Il est possible que nos forteresses soient trop nombreuses : Vauban a signalé les inconvénients d'un pareil état de choses. Toutefois, il y a des places fortes essentiellement utiles, et dont la conservation doit être considérée comme le premier devoir de notre gouvernement, jaloux de son indépendance et désireux de maintenir l'intégrité de son territoire.

La réprobation impériale ne pouvait avoir une aussi grande portée: elle s'adressait à la fortification qui existait de son temps, c'est-à-dire à la fortification bastionnée, dont les faces sont toujours en prise au ricochet. Voilà les enceintes que Napoléon ne jugeait plus tenables, en présence de l'extension qu'avait reçue de son temps l'emploi des projectiles creux. Pour donner suite à cet arrêt, il eût fallu agir en France comme on agissait anciennement; prendre le progrès des armes à feu et la nouvelle manière dont on les employait, comme point de départ de modifications profondes à introduire dans le régime de nos places fortes ; de manière à les rendre capables de résister de loin comme de près aux attaques les plus furieuses.

C'est ce que firent les étrangers: les Français seuls restèrent sourds à la voix de Napoléon.

Deux motifs s'opposèrent à ce que cette question vitale fût agitée chez nous après 1815.

D'abord, la situation de nos finances nous interdisait toute mesure ayant pour objet d'accroître notre force militaire. A cette époque de douloureuse mémoire, notre pays, épuisé par vingt ans de guerres, se voyait forcé de payer les frais d'une longue occupation et de dépenser un milliard pour indemniser ses ennemis des invasions de 1814 et 1815.

Le second motif qui nous empêchait de nous préoccuper alors des questions militaires, était le courant d'idées qui naissait de la nouvelle situation de la France. Les excellentes relations du gouvernement royal avec les autres Etats de l'Europe, donnaient à la paix les plus grandes chances de durée ; et les tendances de l'esprit public se dirigeaient sur les développements du régime constitutionnel, du commerce et de l'industrie, sources de richesses inappréciables dans un pays à demi ruiné par la guerre.

Aussi, rien de ce qui concernait la défense du territoire n'était à l'ordre du jour ; en sorte que le mémoire de Prévost de Vernois sur la nécessité de fortifier Paris, ayant été soumis en 1818 au Comité de défense, cet officier général nous affirme qu'une lumière si vive projetée dans les ténèbres fit d'abord cligner les yeux ; puis les officiers instruits commencèrent à se familiariser avec cette idée et à la controverser de mille manières.

Tandis qu'une pareille indifférence accueillait les questions militaires dans la France pacifiée, les souverains étrangers réunis en congrès à Vienne se décidaient à prendre les plus grandes précautions contre l'ennemi qu'ils venaient deux fois de terrasser, et à le mettre à tout jamais dans l'impossibilité de tenter des entreprises nouvelles contre ses voisins. En conséquence, non–seulement l'Europe fut divisée par eux de manière à leur donner à tous un accès facile sur notre territoire ; mais ils nous imposèrent un énorme tribut de guerre, dont le montant fut affecté à la construction de nouvelles forteresses ayant pour objet de garantir la sécurité de leurs frontières. Cette circonstance attira leur attention sur les principes qui jusqu'alors avaient servi de base à l'art de la fortification.

Les événements de la guerre récemment terminée étaient présents à l'esprit de ceux qui ordonnaient les travaux et de ceux qui devaient les exécuter. Ils n'eurent pas de peine à se rappeler

que la chute de presque toutes les places assiégées
dans leur pays, avait eu lieu avant la fin de la
première période du siége. L'artillerie des Français avait été cause de ces redditions subites ;
ce fut donc contre les effets les plus désastreux
de l'artillerie qu'ils voulurent prémunir leurs
nouvelles forteresses.

Dès lors, le tracé de l'école française qu'ils
avaient jusqu'alors adopté de confiance, leur
parut insuffisant pour leur assurer la garantie
qu'ils recherchaient : ils avaient appris à leurs
dépens que le faible armement du front bastionné, et la grande facilité avec laquelle cet armement était détruit par le ricochet, obligeaient
bientôt la garnison à renoncer à la lutte d'artillerie contre la parallèle : c'est ainsi que l'intérieur de la ville se trouvait exposé sans défense
aux coups incendiaires de l'assiégeant. Les ingénieurs allemands se décidèrent par cette considération à renoncer aux formes bastionnées,
malgré le crédit dont elles n'avaient pas cessé de
jouir en France.

Ils recoururent alors aux principes d'un ancien
fortificateur, le seul qui dans ses travaux s'était
sérieusement préoccupé d'opposer une vigoureuse résistance à la marche de l'ennemi, dès

ses premiers pas ; et qui , dans cette intention,
avait disposé ses remparts de manière à les
mettre, par une addition considérable d'artillerie dérobée aux coups de l'assiégeant, en mesure, non-seulement de tenir tête au feu de la
parallèle, mais même de l'éteindre ; cherchant à
rendre ainsi *l'art défensif supérieur à l'art offensif* (1). Ce même auteur, entourant les places de
ceintures de forts détachés, trouvait le moyen de
tenir l'assiégeant à distance, et de retarder le
moment où les projectiles pouvaient arriver
jusque dans l'enceinte.

La première conséquence de l'adoption par
les puissances étrangères du système de Montalembert, fut de les porter à accroître dans une
grande proportion le nombre de bouches à feu
constituant l'armement d'une place.

L'attaque de ces nouvelles forteresses sera
donc une opération beaucoup plus lente, plus
pénible et plus dispendieuse que celle des places
bastionnées. En se prononçant pour le tracé
polygonal, les étrangers ont prouvé que l'expérience des guerres précédentes n'avait pas été

(1) Si l'auteur des *Études sur l'artillerie* eût achevé son ouvrage, il eût
été sans doute heureux de reconnaître que c'est également à un Français
que l'on est redevable de cette révolution nouvelle dans l'art de la fortification, qui tend à rétablir l'équilibre entre l'attaque et la défense.

perdue pour eux : ils ont fait faire un grand pas à la fortification.

Examinons maintenant ce qui a été fait pour cet art en France, à dater de la même époque.

Nous savons pourquoi dans les premiers moments qui suivirent la paix, on cessa de s'occuper des questions militaires. Cette indifférence se perpétua sous un gouvernement qui se trouvait en bonnes relations avec toute l'Europe. Le temps s'écoulait cependant, et faisait disparaître de la scène du monde ces illustres militaires dont la vieille expérience pouvait encore devenir très-profitable à leur pays, si le gouvernement eût voulu faire appel à leurs lumières ; on n'y songea pas : plusieurs, comme Carnot, se trouvaient alors malheureusement en disgrâce.

Les comités consultatifs de l'artillerie et des fortifications furent chargés à cette époque de l'étude de toutes les questions qui concernent leurs spécialités : ils forment des commissions mixtes pour les objets qui exigent des délibérations en commun. Ces comités ne font point de manifestes; et si l'on veut connaître leur pensée, c'est dans l'étude des travaux soumis par eux au ministre qu'il faut la chercher ; c'est là que l'on peut découvrir l'état véritable des arts dont la direction leur est confiée.

Jusqu'à présent, le comité des fortifications s'en est tenu aux doctrines de Cormontaingne et de Fourcroy légèrement modifiées, et n'a montré aucune sympathie pour les innovations présentées par quelques ingénieurs intelligents, sans s'inquiéter des jugements favorables qu'en ont portés les étrangers.

Si maintenant on considère la masse des officiers de tout grade formant le corps du génie militaire, et dont les plus capables seront appelés un jour à siéger au comité des fortifications, il est bien difficile de ne pas croire que ceux de ces officiers qui ont pris une part très-active à certains siéges récents, n'en aient pas conçu une idée très-favorable de la puissance des bouches à feu dans l'attaque et dans la défense, et ne soient pas restés convaincus avec Napoléon Iᵉʳ, que *les siéges sont des combats d'artillerie*. Pour peu que cette opinion soit devenue la leur, ils ne peuvent plus rester partisans des principes de leur vieille école, qui n'a qu'une faible foi dans les effets du canon et leur préfère ceux de la mousqueterie.

Nous croyons qu'un grand nombre d'officiers du génie admettent ces nouvelles idées, et que ce nombre ne tend point à décroître. Il y a dans ce principe de la puissance des bouches à feu, le germe d'une révolution que le temps se chargera de développer... Après tout, rien ne doit être immuable dans les avis exprimés par la réunion de quelques officiers généraux, dont les membres se renouvellent sans cesse.

Examinons ce qu'a été jusqu'à ce jour l'opinion des commissions mixtes sur la question de l'armement des places.

Le général Rogniat a donné au front de Cormontaingne sa plus grande puissance défensive, en lui allouant pour armement le maximum de bouches à feu que ses remparts puissent contenir, savoir :

130 canons, — 22 mortiers et 22 obusiers, = 174 bouches à feu.

Toutes ces pièces sont de gros calibres et peuvent tirer de loin.

On lit dans l'*Aide-mémoire d'artillerie*, édition de 1856 :

« L'armement maximum d'un front de dé-
« fense était, d'après la commission mixte de
« 1824,

« 95 canons, — 44 mortiers et 19 pierriers,
« = 158 bouches à feu.

« La commission de 1841 l'a fixé à

« 75 canons, — 35 mortiers et 15 pierriers,
« = 125 bouches à feu.

« Le cours d'attaque et de défense des places,

« 62 canons, — 24 mortiers et 24 obusiers,
« = 110 bouches à feu. »

(Nous ne comprenons pas dans les deux derniers armements, 15 ou 24 mortiers de 15° qui ne peuvent servir qu'à petite distance.)

En comparant entre elles ces allocations, on voit que la décroissance du nombre des pièces constituant les ressources données à une place pour repousser de loin ses ennemis, devient plus sensible depuis la fin des guerres de l'Empire, c'est-à-dire depuis que les hommes à grande expérience militaire ont disparu, et depuis que l'influence des professeurs s'est développée. Comme ces chiffres ne tarderont pas à être remaniés, quand il s'agira d'introduire les canons rayés dans l'armement, il est à craindre qu'une nouvelle réduction ne leur soit encore imposée en cette circonstance ; il en résulterait un affaiblissement réel dans la valeur de nos places, qui sont loin de présenter un excès de force dans leur état actuel.

Le comité d'artillerie qui a pris part à ces décisions par ses délégués, a néanmoins fait preuve, en maintes occasions , de sympathie pour les perfectionnements de son art. Nous chercherons bientôt à nous rendre compte des motifs qui l'ont porté , dans la seule question de l'armement des places, à suivre exceptionnellement une voie qui n'est pas celle du progrès, au point de vue de son service.

### 3° Siéges postérieurs à la paix générale.

---

## Observation préliminaire.

En examinant les fixations successives des chiffres de l'armement assigné aux fronts d'attaque par les commissions mixtes, organes des comités de l'artillerie et du génie, nous venons de reconnaître que depuis la paix de 1815, et à mesure que nous perdions nos généraux les plus expérimentés, les comités avaient manifesté une tendance prononcée à affaiblir les dotations des places en bouches à feu, et à se rapprocher des chiffres indiqués par les ingénieurs du XVIII° siècle.

Une fois engagés dans cette voie de réductions, les comités ont supposé sans doute que les gouvernements étrangers les y suivraient, et se résoudraient également à faire des économies sur les forces défensives de leurs places.

Nous aurons bientôt lieu de constater les mécomptes qui ont été la conséquence de cet espoir mal fondé, et ce qui est résulté de l'envoi de trop faibles équipages de siége contre certaines places, dont on a supposé bien gratuitement que les remparts seraient armés d'après les principes de Cormontaingne.

## SIÉGE DE PAMPELUNE,

Par les Français, en 1823.

La campagne entreprise contre le gouvernement constitutionnel d'Espagne par les troupes de Louis XVIII, s'effectua dans des conditions toutes différentes de celles de la guerre de la Péninsule, pendant le premier Empire.

Appelée dans ce pays par les vœux d'une grande partie de la population et par l'unanimité du clergé, l'armée française n'éprouva sur presque tous les points qu'une faible résistance : la lutte était engagée entre elle et les troupes espagnoles qui avaient imposé au souverain une constitution antipathique aux masses, et que l'on voulait abolir. Aussi, lorsque le 5ᵉ corps, pourvu (grâce sans doute à l'influence des généraux de l'Empire qui vivaient alors) d'un équipage considérable d'artillerie, se présenta devant Pampelune pour en faire le siége, les cinq batteries de mortiers qui, pendant la durée des attaques,

lancèrent 4,000 bombes dans la place, avaient-
elles reçu l'ordre de diriger tous leurs projectiles
exclusivement sur les remparts et dans la citadelle où se tenaient les ennemis. Le siége devait être régulier ; car il était impossible de
compter sur le succès de l'insurrection des habitants contre la garnison renfermée dans une
citadelle d'où elle pouvait en un instant écraser
la ville : d'ailleurs, ces habitants étaient les amis
de la France, et avaient droit de compter sur des
ménagements de sa part.

Pampelune n'en capitula pas moins avant l'ouverture de la brèche ; cette reddition prématurée
fut la conséquence du tir des bombes qui avaient
rendu la citadelle inhabitable : c'est un nouvel
exemple de la puissance des projectiles creux,
niée cependant avec tant de persévérance par
l'ancienne école du génie militaire français.

### SIÉGE D'ALGER,

#### Par les Français, en 1830.

On s'embarqua pour cette expédition avec un
équipage de 26 bouches à feu, dont 10 canons
de 24, 6 canons de 16, 6 obusiers de 22ᶜ et 4
mortiers.

Ces moyens, tout faibles qu'ils étaient, se trouvèrent suffisants contre les vieilles maçonneries du fort de l'Empereur visibles jusqu'au pied, et dans lesquelles quelques heures de feu firent de grands ravages. La ville se rendit après l'explosion de ce fort, et l'expédition eut un plein succès.

### SIÉGE DE LA CITADELLE D'ANVERS,

#### Par les Français, en 1832.

La ville d'Anvers appartenait aux Belges ; et il s'agissait de chasser les Hollandais de la citadelle où ils s'étaient renfermés : les Français en entreprirent le siége.

Nous trouvons ici le premier exemple d'un équipage d'abord faiblement organisé et qui reçut des accroissements successifs. Sa composition primitive, au 1$^{er}$ octobre, était la suivante :

$$
\left.\begin{array}{l}
\text{Canons de 24 . . 20} \\
\text{— de 16 . . 16} \\
\text{Obusiers de 22}^c\text{. . 8} \\
\text{Mortiers de 27}^c\text{. . 6}
\end{array}\right\} \text{50 bouches à feu.}
$$

Il fut jugé insuffisant le 10 octobre et augmenté de 30 bouches à feu. Voici ce qu'il devint :

$$
\left.\begin{array}{l}
\text{Canons de 24 . . 32} \\
\text{— de 16 . . 26} \\
\text{Obusiers de 22}^c\text{. . 12} \\
\text{Mortiers de 27}^c\text{. . 10}
\end{array}\right\} \text{80 bouches à feu.}
$$

Le 6 novembre, on y ajouta 6 pierriers ; et le 15 du même mois, l'équipage ainsi constitué et chargé sur des bateaux partit pour la Belgique. Ces augmentations successives n'eurent aucun inconvénient, car elles n'entraînèrent pas de retard dans la marche des travaux.

Une connaissance plus particulière que l'on se procura de la citadelle d'Anvers, et le désir qu'éprouvaient les Belges de participer au siége, déterminèrent à augmenter l'équipage de 30 mortiers belges de 29° et de 6 obusiers de 20°. On y joignit, dans le cours de l'attaque, 6 canons de 24 en fonte, 2 obusiers de 20°, 18 petits mortiers de 13° et un gros mortier de 60° qui envoya 15 bombes dans la place. Le total des bouches à feu s'élevait à 149 : c'était beaucoup pour le siége d'une citadelle pentagonale.

Deux opinions opposées se manifestèrent dans les conseils de l'attaque.

Certains officiers pensaient qu'un siége en règle devait être employé de préférence, contre cette petite place sans bourgeoisie; d'ailleurs, les opérations du siége n'avaient aucune chance d'être interrompues par une armée de secours, quelle que pût être la durée des travaux.

D'autres étaient convaincus que la chute d'un

très-grand nombre de projectiles creux sur cette surface restreinte, gênerait le service de l'artillerie et de la mousqueterie des remparts, économiserait le sang de nos soldats, lasserait la patience de la garnison et déterminerait une reddition prématurée. Pour qu'une semblable opinion ait pu se produire, malgré le silence absolu de l'enseignement sur ce mode d'attaque, il fallait qu'il existât encore au haut de l'échelle sociale, quelques vétérans de l'Empire, qui avaient vu et n'avaient point oublié.

Le Gouvernement voulut satisfaire les deux opinions et donner à chacune le moyen de mettre son système en pratique. Ainsi, pendant que le siége suivait sa marche lente et régulière, l'artillerie largement dotée, comme nous l'avons vu, faisait tomber vingt mille bombes dans un pentagone de vingt hectares de superficie. La capitulation eut lieu au moment où la brèche faite à l'un des bastions allait devenir praticable.

Une polémique s'éleva entre deux officiers au sujet de la marche imprimée au siége : le chef d'escadron d'artillerie Pérignon répondait en ces termes, dans le *Spectateur militaire*, à M. L., officier du génie, qui avait critiqué l'emploi des bombes :

« Quant au bombardement qui consista dans
« le tir de vingt mille bombes, il produisit tout
« l'effet que l'on pouvait en attendre. M. L. dit
« lui-même qu'il ne resta pas pierre sur pierre
« dans l'intérieur de la citadelle ; mais il s'em-
« presse d'ajouter : *ce qui étonnera sans doute,*
« *c'est que ce bombardement si terrible n'avança pas*
« *sensiblement l'heure de la reddition de la place.*

« Cette assertion est loin de paraître fondée.
« Si la destruction des abris de l'assiégé ne de-
« vait avoir que si peu d'influence, il ne les cons-
« truirait pas et ne les entretiendrait pas à si
« grands frais et avec tant de dangers.—Et com-
« ment admettre que la nécessité de vivre sous
« terre fût indifférente pour 40,000 hommes, en-
« tassés les uns sur les autres dans des casemates
« humides et malsaines ? — Et comment refuser
« son influence à un danger continuel, qui a con-
« traint les assiégés à se creuser des tranchées
« dans le sol même pour y rester moins exposés ?
« Les officiers d'artillerie hollandais nous ont
« dit que pour être sûrs de faire parvenir des
« munitions à une pièce, il fallait en envoyer par
« trois côtés à la fois. »

Après avoir entendu ce plaidoyer en faveur du
bombardement, nous exprimerons notre pensée

tout entière sur le siége de la citadelle d'Anvers.
Si, dans presque tous les cas, il y a avantage et
économie à commencer l'attaque d'une place par
le jet de bombes à l'intérieur, il se présente dans
la pratique quelques circonstances rares, dans lesquelles la balance penche en faveur du siége régulier ; et le petit pentagone attaqué nous semble
faire partie de cette catégorie exceptionnelle. Il
ne contenait pas de population civile ; et les soldats, ses uniques défenseurs, devaient être répu-
tés aussi aguerris que possible aux effets des
bombes. Nous sommes loin de croire qu'il eût
fallu s'abstenir d'en tirer; mais si l'on eût réduit
le nombre de ces projectiles au quart, c'est-à-
dire à 5,000, on eût également atteint le résultat
désiré, qui était simplement d'empêcher la garnison de construire un retranchement intérieur,
ce qui eût prolongé le siége de huit jours. Lorsqu'on lit les rapports de l'attaque, on ne voit pas
d'ailleurs que les vingt mille bombes tirées, malgré les dégâts produits dans la citadelle, aient pu
réussir, ainsi qu'on l'avait espéré, à paralyser le
service du canon et de la mousqueterie des remparts, qui nous fit perdre beaucoup de soldats.

On n'eût donc pas prolongé sensiblement la
durée du siége, en s'abstenant de tirer 15,000
bombes.

Dans son rapport, le général Chassé, gouverneur, se préoccupe vivement de l'effet de tant de projectiles creux. Quoique compatriote de Coëhorn, il accuse les ennemis de barbarie, comme l'eût fait un disciple de Cormontaingne ; en cela le général hollandais a d'autant plus de tort, qu'il ne s'abstenait pas d'envoyer des bombes aux Français ; sa citadelle ne renfermait d'ailleurs ni vieillards, ni femmes, ni enfants, dont la présence eût pu donner l'apparence de raison à un pareil reproche.

Il manifeste une terreur tout exceptionnelle des bombes de 60ᵉ lancées par le mortier monstre qui fit explosion au quinzième coup. «Si le hasard, dit-il, veut qu'un de ces projectiles tombe sur le grand magasin à poudre, il ne pourra certainement résister au choc. »

Aujourd'hui que nos moyens de transport sont

---

(1) « La difficulté des transports et des manœuvres, dit Bousmard (a), a fait réformer les mortiers de 18ᵉ, 4¹, utiles cependant contre les voûtes un peu faibles, et dont Vauban devant Ath, en 1697, s'est servi pour détruire l'écluse qui soutenait l'inondation. »

Le colonel Augoyat affirme que l'on en a fait usage postérieurement. On en mit deux en batterie, dit-il, au siége de Tournai en 1745. M. de Filley, ingénieur fort distingué, attribua aux comminges qu'ils lancèrent l'explosion du magasin à poudre des assiégés qui sauta avec un grand fracas. Il ajoute, en parlant des magasins voûtés à l'épreuve, que cet exemple est instructif. (*Mémoire sur Thionville.*)

(a) *Mémorial sur la défense des places de Cormontaingne.*

perfectionnés et que nous ne reculons plus devant les mouvements de fardeaux considérables,
il serait peut–être avantageux que l'artillerie française tînt en réserve pour certaines éventualités,
quelques-unes de ces grosses bombes dont la
chute sur un magasin à poudre le ferait infailliblement sauter, et donnerait, dans tous les cas,
de très-grandes préoccupations à la défense.

## SIÉGE DE CONSTANTINE,

Par les Français, en 1837.

L'opération dirigée contre cette place fut une
attaque de vive force. Quelques bouches à feu,
parmi lesquelles 10 obusiers de campagne et 6
mortiers de 22ᵉ, tirèrent de loin à l'intérieur de la
ville derrière le front d'attaque ; tandis que 4 canons de 24, placés à 400 mètres de distance du
mur d'escarpe, y ouvrirent une brèche qui fut
escaladée par nos troupes. L'extrême difficulté
des transports à travers le pays fut cause de
l'exiguïté des ressources en artillerie avec lesquelles ce siége fut entrepris.

C'était la seconde fois que les Français paraissaient devant la place. Si nous en croyons le
général de Caraman, commandant de l'artillerie

à cette expédition, peu s'en serait fallu que nous eussions été forcés d'en recommencer une troisième fois le siége, faute d'approvisionnements. Voici ce que nous lisons dans la correspondance du général :

« Il était temps de réussir ; car nous étions
« à bout de nos moyens de subsistance et de
« munitions : nos jours, nos heures, nos coups
« de canon étaient comptés. Nous avions même
« été dans une position fort critique , à la
« suite d'un déluge non interrompu de trois
« jours et de trois nuits, qui nous avait plongés
« dans une boue impraticable ; et nous en étions
« presque à craindre de devoir renoncer à l'en-
« treprise, exposés à des désastres semblables à
« ceux de l'année dernière. Honneur aux braves
« troupes qui nous ont tirés d'embarras ! »

*Notice sur la vie du général marquis de Caraman,*
*par le comte G. de Caraman. Paris, 1838.*

L'artillerie eut à regretter la mort de cet officier général, atteint du choléra peu de jours après la prise de la place.

Il vaut évidemment mieux, dans le cas d'un siège, faire la dépense inutile de quelques bouches à feu et projectiles en trop, que d'être obligé de renoncer au succès, faute d'en avoir transporté en nombre suffisant.

## SIÉGE DE ROME,

Par les Français, en 1849.

Le Pape ayant quitté sa capitale, les Français voulurent en expulser Mazzini et Garibaldi, chefs du gouvernement républicain. On se rappelle avec quelle répugnance la minorité très-puissante de l'Assemblée française envisageait cette démonstration faite en faveur de l'autorité pontificale.

Quand un envoi de troupes est résolu dans un pays sans obtenir l'assentiment général, le Gouvernement qui l'ordonne est porté à le réduire à son strict minimum, et à faire toutes les économies possibles sur le personnel du corps expéditionnaire et sur ses moyens d'action.

C'est sans doute par cette raison que le premier corps qui débarqua le 26 avril à Civita-Vecchia, avait pour toutes ressources en artillerie deux batteries complètes de 8 et un équipage de 6 canons de 16 approvisionnés à 500 coups ; et c'est avec ce matériel que l'on se proposait de renverser la république romaine, en s'emparant de la ville éternelle.

Nos agents à Rome et les officiers que l'on y

avait envoyés s'accordaient à dire que l'apparition d'un corps français sous les murs de la capitale suffirait pour déterminer une imposante manifestation en faveur de l'ordre de choses que nous voulions rétablir. Nos troupes prirent donc le chemin de Rome ; mais une reconnaissance, envoyée le 30 avril auprès des postes de la place, ayant été très-énergiquement repoussée, la division se replia sur Civita-Vecchia pour se rapprocher de sa base d'opérations, et y attendre le personnel et le matériel nécessaires à l'exécution d'un siége qui devait être plus sérieux qu'on ne l'avait pensé.

Le corps expéditionnaire fut porté à 20,000 hommes ; il reçut, le 28 mai, un équipage d'artillerie dont voici le détail :

Canons  de 24 . .  4 )
—      de 16 . .  6 } 18 bouches à feu.
Obusiers de 22ᶜ. .  4 {
Mortiers de 22ᶜ. .  4 )

Cette composition préjugeait la marche du siége et rendait tout bombardement impossible ; le gouvernement français tenait d'ailleurs à ménager la population romaine.

Puisque l'on voulait entrer dans la ville par la brèche, devait-on attaquer les remparts sur la rive droite ou la rive gauche du fleuve ? De ce

dernier côté, l'on n'avait affaire qu'à une enceinte vieille et irrégulière ; tandis que, sur la
rive droite, l'enceinte qui était bastionnée et terrassée jouissait de propriétés défensives supérieures. Nous extrayons du *Rapport sur les opérations de l'artillerie et du génie devant Rome,* les
raisons qui firent donner la préférence à cette
dernière attaque.

« Du côté gauche, la brèche eût été ouverte
« entre les deux tours qui flanquent la porte
« *San Sébastiano,* que l'on aurait démantelée
« le plus possible sans doute ; mais l'enceinte
« n'étant pas terrassée, cette brèche n'aurait été
« qu'un massif de blocs bien difficile à franchir.

« Cette première difficulté vaincue, on se se-
« rait vu arrêter infailliblement par un retran-
« chement intérieur, élevé à la hâte, il est vrai,
« mais garni de canons et dominant la brèche
« plutôt qu'il n'en eût été dominé lui-même.
« Supposons ce nouvel obstacle surmonté, l'on
« se fût trouvé sur un terrain tout à l'avantage
« de la défense, dans un dédale de murs créne-
« lés, de rues et de chemins hérissés de barri-
« cades. Il eût fallu alors ou détailler l'attaque
« de chaque jardin, de chaque maison, c'est-à-
« dire faire une guerre longue, incertaine et dé-

« courageante, ou bien enlever tous ces obstacles
« de haute lutte et faire pénétrer violemment au
« centre de la ville une armée irritée par des
« combats sanglants, par des pertes nombreuses
« et par toutes les difficultés qui dans cette mar-
« che rapide auraient surgi devant elle. C'était
« prendre Rome d'assaut ; c'était exposer Rome
« à toutes les suites d'une prise d'assaut.

« Une armée française pouvait-elle faire peser
« une pareille calamité sur cette ville, le centre
« du monde catholique, la capitale des arts,
« surtout après s'être présentée devant ses murs
« en armée libératrice ? Pouvait-elle se détermi-
« ner à porter la destruction au milieu de ces
« monuments que tant de siècles ont respectés,
« à faire de Rome une nouvelle Saragosse, et en
« dernier lieu, à n'avoir plus à remettre au Pape
« qu'une ville dévastée ? Non, l'armée ne le
« voulait pas : la France ne lui avait pas donné
« une mission de cette nature.

« Et d'ailleurs, qui peut dire quels eussent été
« les résultats d'une attaque de vive force ? Après
« l'affaire du 30 avril, dans laquelle l'avant-
« garde française reçut un échec devant Rome,
« devait-on courir le risque d'ébranler encore
« par l'insuccès d'une seule de nos tentatives la

« confiance de nos soldats, d'exalter autant les
« forces morales de l'ennemi? Il y aurait eu im-
« prudence à le faire. »

Cette manière de penser fait honneur aux
sentiments des chefs de l'armée française : leurs
ennemis n'étaient pas aussi scrupuleux pour ce
qui concerne les monuments de Rome, comme
on peut en juger par l'extrait suivant du *Rapport.*

« L'armée qui défendait Rome était beaucoup
« plus nombreuse que celle qui allait l'attaquer ;
« elle possédait plus de cent bouches à feu bien
« approvisionnées. Ceux qui la commandaient
« disaient hautement que loin de vouloir épar-
« gner dans la lutte les monuments de l'an-
« cienne capitale du monde, ils les détruiraient
« eux-mêmes si nous étions vainqueurs, pour
« s'ensevelir sous leurs ruines et illustrer ainsi
« leur défense. »

L'attaque des Français fut conduite avec une
grande habileté. Il fallut cependant attendre un
dernier supplément de bouches à feu qui ne dé-
barquèrent que le 9 juin.

Ce défaut d'artillerie pesa sur les opérations
du siége et dut nous coûter des hommes. Le *Rap-*

*port* le donne assez clairement à entendre et
s'exprime ainsi, après avoir décrit l'assaut de la
première enceinte.

« Vingt bouches à feu ennemies tirant contre
« le logement du bastion empêchèrent d'en dé-
« boucher : la batterie n° 11, construite sur la
« brèche de la courtine, fut réduite au silence
« après trois ou quatre coups par pièce, à moins
« de se résigner à des pertes très-considérables.

« L'artillerie pouvait seule nous mettre à
« même de surmonter ces obstacles. Il lui res-
« tait à imposer silence aux bouches à feu, si
« activement servies, qui avaient pris position
« sur la seconde ligne de l'enceinte. En un mot,
« c'était un combat d'artillerie qu'il fallait livrer
« pour rétablir notre supériorité sur ce point : le
« succès de nos opérations ultérieures en dé-
« pendait. »

L'auteur du *Rapport* ne manque pas de faire
cette observation très-sensée.

« Le plus grand nombre de pièces dont l'ar-
« tillerie ait pu disposer a été, pendant les der-
« niers jours du siége, de 8 canons de 24, 18
« canons de 16, 4 obusiers de 22° et 14 mor-
« tiers : total, 44. Cette insuffisance de matériel

« devait rendre notre marche plus longue et plus
« difficile. »

Si les troupes débarquées, le 26 avril, à Civita-Vecchia avaient eu leur matériel de siége
au complet, quelques jours eussent suffi pour
faire réussir l'expédition ; et la France n'eût pas
été forcée d'entretenir à grands frais, en Italie,
une armée de 20,000 hommes pendant près de
trois mois, avant de s'être emparée de la ville, éle-
vant ainsi sur un piédestal les deux ennemis qui
lui avaient opposé une si longue résistance.

## SIÉGE DE SÉBASTOPOL,

### Par l'armée anglo-française, en 1854-1855.

Dans le cours de cet ouvrage, nous avons eu
déjà l'occasion de mentionner le siége de Sébastopol comme exemple d'une belle défense par
l'artillerie. Nous emprunterons quelques détails
sur cette brillante opération militaire aux relations des généraux Niel, Todleben et Auger; dans
le but de faire reconnaître à nos lecteurs, d'une
part, les fâcheuses conséquences des économies
que les gouvernements prétendent réaliser sur
la force des équipages de siége; de l'autre, à

quelles conditions une faible enceinte peut résister à de très-vigoureuses attaques.

Il entrait dans les vues du gouvernement russe
de cacher à tous les yeux les approvisionnements
considérables qu'il accumulait depuis bien des
années dans les magasins de Sébastopol : jamais
secret diplomatique ne fut mieux gardé. Les
deux puissances qui résolurent d'attaquer cette
place, étaient sans doute bien loin de soupçonner
l'étendue de ses ressources défensives, lorsqu'elles firent embarquer pour la Crimée, dans
l'été de 1854, les équipages de siége dont voici
la composition :

*Équipage français.*

| Canons. . . . | de 24. . . . 12 | |
|---|---|---|
| | de 16. . . . 12 | |
| Obusiers de 16 cent. . . . . . | 12 | 52 bouches à feu. |
| Mortiers . . . . | de 27. . . . 8 | |
| | de 22. . . . 8 | |

Non compris 6 petits mortiers de 15 qui ne pouvaient servir
qu'à la fin d'un siége régulier.

*Équipage anglais.*

| Canons. . . . . | de 68. . . . 4 | |
|---|---|---|
| | de 32. . . . 16 | |
| | de 10 p. . . 5 | 43 bouches à feu. |
| | de 8 p. . . 5 | |
| Mortiers . . . . | de 13 p. . . 12 | |
| | de 10 p. . . 1 | |

Ce dernier, inférieur sous le rapport numérique, était composé de plus forts calibres, avantage précieux contre une place dont les remparts devaient être garnis de canons de marine.

A ce matériel, on peut joindre un parc de 41 bouches à feu turques dont il ne fut guère possible d'utiliser qu'une moitié, à cause de la mauvaise qualité de ce matériel.

Suivant le général Todleben, le chiffre de la population de la ville s'élevait à 42,000 habitants, dont 35,000 appartenaient à l'armée où à la flotte. Lorsque toute la partie valide fut employée aux travaux de terrassements qui avaient pour objet de clore l'enceinte, on vit des femmes prendre une part active à cette besogne, pour laquelle elles s'étaient volontairement offertes. Dans leur nombre figuraient les femmes et les filles des matelots de l'escadre.

Malgré cette preuve de dévouement, le général Osten-Sacken craignant que leur présence pendant le siége ne troublât les défenseurs, les fit toutes sortir de la place dès les premiers jours de mars. Le grand duc Nicolas adoucit les rigueurs de cette mesure, en allouant une indemnité aux plus indigentes. A partir de ce moment, Sébastopol uniquement occupé par des militaires, des marins et autres fonctionnaires russes, présenta tous les caractères d'un vaste camp retranché, où les bombes pouvaient exercer leur action destructive; mais sans que les assiégeants pussent compter sur ces effets de terreur qui paralysent la résistance des grandes villes.

Jetons un coup d'œil sur la position de la place.

« En créant cet établissement, dit le général
« Niel, le gouvernement russe ne se préoccupait
« pas d'une descente en Crimée, peu probable
« de la part des Turcs; mais il craignait, du côté
« de la mer, un bombardement qui pourrait dé-
« truire la flotte et l'arsenal; aussi avait-il mis
« tous ses soins à fortifier la place de ce côté, par
« un ensemble de travaux considérables destinés
« à défendre l'entrée du port et à tenir éloignés
« les vaisseaux ennemis. Du côté de terre au con-
« traire, les défenses projetées n'avaient reçu
« qu'un commencement d'exécution qui ne suf-
« fisait même pas pour mettre partout la place
« à l'abri d'une attaque de vive force, surtout
« pour la partie de l'enceinte située au sud du
« port. »

Les ouvrages maritimes qui défendaient les approches de la rade se composaient de huit fortes batteries de côte, dont trois en terre, n°s 4, 8 et 10, et cinq autres casematées à deux et trois

étages, savoir , les forts Constantin et Michel au
Nord, Nicolas, Alexandre et Paul au Sud. En
examinant ces constructions dont la date est pos-
térieure à 1818, il est impossible de ne pas reconnaître combien elles ressemblaient aux batteries que propose Montalembert pour la défense
de l'entrée des grands ports : on se rappelle qu'à
cette époque, les idées du fortificateur français
jouissaient d'un grand crédit auprès des puissances orientales de l'Europe.

Nous allons discuter quelques observations
critiques que le général Todleben, dans son récit de la *défense de Sébastopol*, présente sur les
opérations de l'armée assiégeante.

1^re *Observation.* — Craignant de voir ses communications interceptées avec l'intérieur de l'empire, le prince Menzikow, commandant en chef
les forces russes en Crimée, venait de faire sortir
son armée de la place et la dirigeait sur Bakht-
chisaraï. Peu rassuré sur les effets énergiques du
feu de ses forts contre les escadres, il avait jugé
nécessaire de fermer l'entrée de la rade, en y
faisant couler des vaisseaux et des frégates. A
peine cet ordre fut-il exécuté, que des hauteurs
du Nord, la garnison russe put découvrir l'armée ennemie se dirigeant dans un ordre parfait

vers le Belbeck. Une attaque de ce côté parut imminente aux chefs de la garnison ; et ils jugèrent très-urgent d'en renforcer les défenses.

Le lieutenant-colonel du génie Todleben chargé de ce travail, sous les ordres du vice-amiral Kornilow, étendit le front de la position à droite et à gauche du fort du Nord, et disposa ses nouveaux retranchements de manière à y placer le plus possible d'artillerie. Il assura en même temps à leurs bouches à feu et à leur mousqueterie la faculté de balayer le terrain en avant, ce que ne pouvait faire le fort.

Cet ouvrage se trouvait en très-mauvais état : on eut à peine le temps d'en exhausser les parapets pour lui donner un relief suffisant. Le mur d'escarpe était si vieux, qu'il ne put supporter dans tous ses points la surcharge de terre qu'on lui imposait ; en sorte qu'avant l'arrivée des ennemis, le bastion occidental leur offrait une brèche très-praticable. On arma le fort avec quarante-sept pièces.

Tels furent les principaux travaux exécutés à la hâte dans cette partie de l'enceinte, en vue de l'armée alliée et de son escadre qui cinglait vers le Sud en longeant la côte. On comprend que ces défenses improvisées ne pouvaient présenter que des obstacles de peu de valeur. Les parapets couvraient à peine le soldat monté sur la banquette. En outre, le fort, non défilé des hauteurs environnantes, laissait les troupes qu'il renfermait exposées à tous les projectiles. On n'était pas mieux à l'abri derrière les retranchements construits des deux côtés du fort. La garde de cette faible position était confiée à un corps de 11,000 hommes, presque tous marins, très-dévoués sans doute, mais mal armés et sans habitude du service à terre. Ces troupes étaient cependant menacées d'avoir à soutenir le choc d'une armée de 60,000 hommes et d'une flotte formidable.

Maître des hauteurs situées à l'est de la côte septentrionale, l'assiégeant eût pu facilement, par le feu de son artillerie, intercepter toute communication à travers la rade, empêcher les secours d'arriver et s'opposer à la retraite des défenseurs chassés de leurs ouvrages.

Toutes les chances étaient en faveur de l'armée alliée, déjà exaltée par son succès de l'Alma. Si elle eût immédiatement attaqué la position du Nord, elle n'y eût pas rencontré la moitié des obstacles qui lui furent opposés ailleurs : la moindre reconnaissance ne pouvait manquer de lui faire

découvrir le peu de valeur réelle de ces fortifications.

Après les avoir enlevées, les alliés eussent
construit des batteries sur les hauteurs : aucun
vaisseau russe ne pouvait échapper à leurs feux.
L'amirauté, les établissements du port en eussent éprouvé les plus grands dommages, et la
ville eût été réduite en cendres. L'armée de siége
atteignait donc son but en peu de temps et à peu
de frais.

Aussi le général Todleben n'approuve pas les
généraux de l'armée assiégeante d'avoir renoncé
à cette tentative ; quoique le prince Menzikow,
en faisant fermer la rade, eût empêché leur flotte
de prendre la moindre part à cette œuvre de destruction, et qu'il eût ainsi réduit ses ennemis aux
ressources de leur artillerie de terre.

Bien qu'au 21 septembre, jour du débarquement à *Old-fort,* l'entrée de la rade de Sébastopol fût encore libre, et que les généraux pussent
compter sur la coopération des escadres, il nous
paraît évident que le seul choix d'un point de la
côte situé à 60 kilomètres de la place, pour
mettre l'armée à terre, rendait impossible l'attaque par le Nord.

Ce n'est pas avec de faibles calibres de campagne, tirant à plus de 2 kilomètres, que l'on pouvait espérer détruire les vaisseaux, les forts et la ville entière : les projectiles, à cette distance, eussent été impuissants contre des murailles en pierre et même contre les flancs des navires.

L'artillerie de siége devenait donc nécessaire, et il eût fallu la débarquer à *Old-fort* avec ses approvisionnements. Or, un pareil travail eût exigé un temps très-considérable, tout au profit du général russe ; il eût pu accumuler les obstacles sur la marche de ses ennemis et recevoir des renforts. Pendant ce délai, il fallait que la flotte nourrît l'armée, qui, elle-même, ne devait se mettre en mouvement qu'en traînant à sa suite un immense convoi, pendant un parcours de quinze lieues dans ce pays inconnu. C'était pourtant le seul parti à prendre si l'on voulait attaquer la forteresse par le *Nord* avec de la grosse artillerie, puisque les reconnaissances maritimes avaient constaté que de ce côté il n'y avait pas de port à proximité de la place. Il fallait donc renoncer à l'emploi du matériel de siége contre les ouvrages du Nord.

Voyons maintenant ce que le corps expéditionnaire français possédait de munitions de campagne.

On avait débarqué 12 batteries de 12 et de 12 léger, comprenant 68 canons-obusiers. Chaque pièce était suivie de deux caissons chargés ; c'est-à-dire qu'elle était approvisionnée de 7 coffres, contenant chacun 26 coups, ce qui fait 182 coups pour une pièce, et pour les 68,   12,376 coups.

Sur ce nombre, il en avait été consommé à la bataille de l'Alma. . . . . . . . . . . . .   1,185   —

Il restait donc pour l'attaque
de la place par le côté Nord. . .   11,191 (1)

Ce qui revient à 164 coups par pièce ; approvisionnement d'autant plus insuffisant, qu'il fallait prélever sur ces munitions la quantité nécessaire pour faire face à l'éventualité d'une attaque du prince de Menzikow contre notre position.

Il est probable que les Anglais ne possédaient pas une quantité plus considérable de munitions de campagne, eu égard au chiffre de leur armée. Par ces raisons, les alliés devaient renoncer à l'attaque du Nord et passer la Tchernaïa, donnant ainsi raison à ce groupe d'officiers peu sympathiques à l'emploi du bombardement, qui cherchaient du côté du Sud un emplacement

(1) *Historique du service de l'artillerie à Sébastopol.*

spacieux, où ils pussent développer tout à leur aise les tranchées et parallèles d'une attaque ré-gulière.

Voilà pourquoi les travaux du général Todle-ben, devant la position du Nord, devinrent inutiles.

Doué d'une plus grande perspicacité, le prince Menzikow eût mis ses ennemis dans un embarras réel, si au lieu de se retirer à l'intérieur du pays, il eût retranché son armée sur le mont *Sapoune* et leur eût disputé le passage de la Tchernaïa : il avait tout le temps nécessaire pour combler ou barrer les ports de Kamièche et de Balaklava, qui ne tardèrent pas à rendre les plus grands services à l'armée assiégeante.

Dans le cas d'un échec, l'armée russe se retirant en bon ordre eût traversé la ville, et fût venue prendre au nord les positions que ses ennemis avaient définitivement abandonnées.

2° *Observation*. L'éminent officier du génie russe pense que si l'armée de siége, après avoir passé la Tchernaïa, se fût établie sur le mamelon Malakow ou devant un des bastions n° 3, 4, 5, de Karabelnaïa ou de la ville, elle pouvait, avec de grandes chances de succès, livrer sur deux de

ces points des assauts simultanés, à chacun desquels la garnison, forte de 28,000 hommes,
n'eût pu opposer que 4 à 6,000 combattants;
surtout si l'assiégeant eût divisé les efforts des
défenseurs par une fausse attaque. La fortification était alors trop faible pour présenter de sérieux obstacles; et il eût été possible aux assaillants de se soustraire presque entièrement aux
feux de la défense, en se glissant pendant la
nuit dans les ravins jusqu'à l'enceinte, et tombant au point du jour sur les ouvrages.

Faute d'avoir entrepris cette attaque, les alliés
perdirent encore une occasion très-favorable pour
enlever la place d'emblée : la garnison et les
habitants, qui ne se sentaient pas suffisamment
couverts, s'attendaient à cet assaut dont ils redoutaient les suites.

« Ni l'exaltation des troupes, dit le général
« Todleben, ni leur résolution de se battre jus-
« qu'à la dernière extrémité, n'aurait pu sauver
« Sébastopol, si l'ennemi l'eût attaqué aussitôt
« après le passage de la Tchernaïa. »

Ce fut sans doute un tort de la part des généraux alliés; mais leur ignorance de l'état réel des
fortifications et du chiffre des défenseurs doit
leur servir d'excuse : aucune reconnaissance ne

pouvait être faite en ce moment, où il fallait d'abord investir la place.

L'auteur de la *Défense de Sébastopol* trouve que la distance à laquelle les alliés firent plus tard la reconnaissance des ouvrages, était trop grande pour qu'ils aient pu prendre une idée exacte de la disposition et de l'armement des fortifications, et du degré de résistance qu'elles pouvaient opposer. Ils crurent les nouveaux travaux de la place plus forts qu'ils ne l'étaient réellement, et se figurèrent qu'il était impossible d'y donner l'assaut, avant d'avoir éteint ou affaibli le feu de leur artillerie. Ils se décidèrent donc à établir des batteries sur les hauteurs dominantes et à débarquer immédiatement le parc de siége.

Aucune détermination ne pouvait être plus favorable à la défense, dont les arsenaux étaient si riches en approvisionnements de toute espèce. La lenteur de ces préparatifs fut mise à profit par la garnison qui travaillait avec ardeur à construire et à renforcer son enceinte.

La joie fut générale dans la ville lorsque, dans la matinée du 10 octobre, on reconnut que la tranchée avait été ouverte : on acquérait ainsi la certitude qu'un assaut immédiat ne serait point donné...

A partir de ce moment, le soin principal des défenseurs fut constamment de renforcer l'artillerie sur toute la ligne, en opposant à la nôtre des canons plus nombreux et d'un plus fort calibre, de manière à conserver toujours la supériorité. Le siége devint alors un long combat de bouches à feu ; et les résultats de cette attaque prouvèrent aux plus incrédules combien Bousmard et Rogniat avaient raison, lorsqu'ils déclaraient que l'artillerie était l'arme principale de la défense.

« A mesure que l'on examinait la place avec « plus d'attention, dit le général Auger, on re- « connaissait, à n'en pas douter, qu'elle était « plus sérieusement armée qu'on ne le croyait « d'abord ; bon nombre d'embrasures qu'on « avait supposées vides, étaient effectivement « pourvues d'artillerie; et les distances aux- « quelles portaient les projectiles, et les pro- « jectiles eux-mêmes recueillis sur le sol, prou- « vaient que l'armement consistait en pièces des « plus forts calibres, canons de 24, 32, 48, 68 « et 128, tirant également les boulets pleins et « creux, et obusiers de 15, 19, 25, et 28 centi- « mètres.

« Comme conséquence des grandes portées de « ces projectiles, la tranchée ne pouvait être ou-

« verte ainsi qu'on le fait habituellement, à la
« distance de 600 mètres des saillants des ou-
« vrages les plus avancés ; et il devenait néces-
« saire de renforcer la composition de l'équi-
« page de siége par l'adjonction de bouches à
« feu de forts calibres empruntés à la marine. »

Si l'inaction forcée de la flotte russe n'eût pas
rendu nos vaisseaux disponibles, ils n'auraient
pu se dessaisir de leur matériel; et l'équipage
français, dont l'insuffisance était constatée avant
même l'ouverture de la tranchée, se serait trouvé
réduit à ses propres ressources.

« Sur notre front, ajoute le même auteur, vis-
« à-vis et à 950 mètres du bastion *Central* (n° 4)
« régnait un plateau dominant la ville. Cet em-
« placement parut convenable pour l'établisse-
« ment d'un ouvrage défensif que l'on armerait
« d'artillerie et qui servirait d'appui à la gauche
« de nos attaques : les premières batteries de
« siége y furent construites. »

Abandonnons un moment la suite de l'attaque
française, pour présenter quelques observations
sur l'enceinte de Sébastopol du côté de terre.

Nous avons remarqué qu'il existait une grande
conformité entre les batteries qui défendaient les

approches de la rade, et les forts de côte de Montalembert. Malheureusement pour la garnison
russe, les idées du vieux fortificateur français
n'avaient pas été suivies dans le tracé de l'enceinte du côté de terre. En effet, sur plusieurs
saillants de cette enceinte ébauchée, se trouvaient
des bastions tracés ou préparés, ouvrages pros-
crits avec justes raisons par notre illustre compatriote (1). Le récit du général Todleben va
nous prouver combien les défauts reprochés aux
bastions sont réels, et par quels motifs on doit
les rejeter de toute bonne fortification.

Les n° 3 et 4 (*grand Redan* et *bastion du Mât*),
furent particulièrement l'objet des attaques de
l'armée de siége.

Divisées en deux groupes et placées sur la
*Montagne Verte* et sur le *Mont Woronzow*, les
batteries anglaises, au 17 octobre, concentraient
sur les ouvrages russes le tir de 71 bouches à
feu, auxquelles les remparts n'en opposaient
que 53. A cette supériorité numérique, les Anglais joignaient celle du calibre.

« Enfin, ajoute le général Toldeben, ils
« avaient pour eux l'avantage du terrain, la

_____

(1) *Voir première partie de cet ouvrage, pages 152 et suivantes.*

« concentration des feux, le commandement,
« ainsi que l'excellente disposition de leurs bat-
« teries.

« Cette inégalité de forces se montre surtout
« dans la lutte du 3ᵉ bastion contre les batteries
« anglaises ; et si l'on y joint les désastreux effets
« de l'explosion du magasin à poudre de ce bas-
« tion, elle explique suffisamment comment les
« Anglais obtinrent sur ce point un succès aussi
« décisif.

« Les batteries de la *Montagne Verte* frap-
« paient directement sa face droite, enfilaient
« et prenaient de revers sa face gauche et la
« tranchée contiguë au bastion. Des projectiles
« d'un poids énorme battaient tout l'espace de
« terrain compris entre l'hôpital de la marine et
« le ravin *des Docks*, et rendaient extrêmement
« dangereuse en cette partie la communication
« avec le bastion.

« En même temps, ce bastion était fortement
« attaqué par les batteries du *Mont Woronzow*,
« où les bouches à feu avaient une très-grande
« prépondérance sur les nôtres.

« Vers les trois heures de l'après-midi, le
« tiers de l'armement du bastion était démonté,

« et les pièces épargnées par le feu de l'ennemi
« avaient leurs embrasures entièrement dé-
« truites. La perte en hommes avait été si consi-
« dérable, que les servants de plusieurs pièces
« avaient été déjà remplacés deux fois.

« Pour achever de rendre plus critique la po-
« sition de cet ouvrage, une bombe ennemie fit
« sauter à la même heure le magasin à poudre
« placé dans son saillant. L'explosion fit périr
« plus de cent hommes. »

Dans cette journée qui coûta la vie à tant de
braves, les Français expièrent aussi leur engoue-
ment pour le système bastionné.

C'était la première fois qu'au lieu de tracer les
épaulements des batteries de siége le long d'une
parallèle, de manière à faire des angles aussi
peu ouverts que possible avec la direction des
fronts de la défense, on imaginait de concentrer
ces batteries sur une hauteur et de donner à cette
portion de l'attaque la forme d'un front bastionné. Sans doute la batterie n° 5, qui consti-
tuait la face droite du bastion de droite, portait
ses feux perpendiculairement sur le bastion *du
Mât*. Mais sa direction formant un angle à peu
près droit avec le bastion n° 6 de *la Quarantaine*,
mit cette batterie en prise au tir d'enfilade du

bastion dont les projectiles la labouraient dans toute sa longueur; tandis que le tir direct du bastion *du Mât* et du bastion *Central* (n°ˢ 4 et 5), démolissait ses embrasures, et qu'elle était accablée par une grèle de bombes. Aussi dut-elle cesser son feu à dix heures du matin; et dès qu'elle voulut le reprendre deux jours plus tard, après s'être réparée, les mêmes causes la réduisirent bientôt au silence. Ajoutons encore, à la charge de l'ouvrage bastionné des Français, que ses flancs étaient enfilés du rempart; heureusement leur peu de longueur diminuait le danger qui résultait de cette disposition vicieuse.

A nos 43 pièces qui ouvrirent leur feu le 17 octobre, les Russes en opposèrent 51 plus fortes de calibre; mais ce qui détermina surtout leur supériorité, ce qui leur permit d'éteindre rapidement notre artillerie, c'est qu'ils jouirent du bonheur—très-rare pour des assiégés,—de pouvoir faire converger le feu de tous leurs ouvrages depuis *la Quarantaine* jusqu'au bastion *du Mât*, sur notre établissement du *Mont Rodolphe*.

« Les batteries françaises, dit l'auteur, subi-
« rent par suite de leur position désavantageuse
« l'effet meurtrier de nos feux croisés: elles fu-

« rent réduites au silence après quatre heures de
« combat. »

Cette fâcheuse issue eut de graves conséquences sur la prolongation du siége, les projets d'assaut durent être ajournés à long terme...

Le général Todleben pense que, dans la journée du 17 octobre, la ligne de défense ayant été
interrompue par la destruction du bastion n° 3,
une attaque de vive force entamée sur ce point,
aurait eu des chances de succès. Mais les Français ne connaissaient pas encore assez bien le terrain de la place pour entreprendre un pareil
coup de main, surtout au moment où ils venaient
d'éprouver un échec.

Nous ne dirons qu'un mot de l'attaque des
escadres. Elle manquait son effet, du moment
que les vaisseaux ne s'étaient pas trouvés en mesure de commencer leur tir en même temps que
les batteries du siége. Rome et Sébastopol ont
dénoté chez la marine française une tendance à
profiter de la faiblesse des ressources de l'artillerie de terre, pour prendre part aux opérations
contre les places. Nous ne désapprouvons pas
cette noble prétention, puisqu'elle trouve l'occasion de se produire; seulement si l'art des siéges
devient une des branches de l'instruction des offi-

ciers de la flotte, il nous semble désirable qu'un capitaine du génie, professeur à l'école navale, enseigne aux élèves la manière dont on conduit une attaque, et leur fasse comprendre pourquoi le canon des parallèles ne peut commencer à tirer qu'au point du jour.

Quant à l'issue du combat, elle avait été prévue par Paixhans depuis bien des années : la lutte des murailles en maçonnerie contre les murailles en bois n'est autre chose que celle du pot de fer contre le pot de terre.

Après la journée du 17 octobre, les Français déterminés à poursuivre le siége en règle des ouvrages de la place, prolongèrent leurs tranchées vers la droite, pour s'approcher du 4ᵉ bastion (bastion *du Mât*) qui fut bientôt entouré de batteries. Au 3 novembre, cette attaque avait reçu tout son développement.

« Les tranchées, dit le général russe, n'en « étaient plus éloignées que de 140 mètres. « Quoique son artillerie n'eût pas encore été en- « tièrement démontée, elle était du moins cha- « que jour fortement endommagée. La garnison « ne pouvait être nombreuse, puisqu'il fallait la « tenir constamment à l'abri.

« Ce bastion subissait chaque jour de terri-
« bles dégradations par l'effet du tir concentré
« des batteries de siége ; et quoique les dom-
« mages fussent immédiatement réparés sous le
« feu même de l'ennemi, et les pièces d'artil-
« lerie démontées remplacées par d'autres à
« l'instant même, quoique les vides causés par
« la mort dans les rangs de la garnison fussent
« aussitôt comblés par de nouveaux combat-
« tants, il faut cependant reconnaître que les
« forces de la défense du 4° bastion touchaient
« à leur agonie. »

Ainsi, la concentration des feux de l'assiégeant dans la surface étroite du bastion *du Mât*,
était — comme nous l'avons déjà constaté pour
le 3° bastion (*grand Redan*) — une cause permanente de pertes tellement sensibles, que la garnison commençait à s'en lasser et à désespérer de
la résistance. On ne saurait nier que ces effets
désastreux ne fussent une simple conséquence
du peu d'ouverture de l'angle flanqué, qui rendait possible à l'assiégeant, dans le prolongement de chacune des faces, de construire des
batteries agissant simultanément sur toutes les
deux ; sur l'une directement, sur l'autre par enfilade. La chute des bombes dans un espace aussi

resserré achevait de rendre l'ouvrage inhabitable ; aussi, malgré tout leur dévouement, les
troupes russes n'eussent pu se maintenir à portée
du 4ᵉ bastion pour le défendre, si on ne leur eût
trouvé des abris. Rappelons-nous que les bastions, dont Vauban lui-même signale la défense
comme très-dangereuse, ne doivent pourtant jamais être plus remplis de soldats, qu'au moment
où l'on redoute un assaut, dont la conséquence
immédiate sera peut-être la chute de la forteresse.

Nous pouvons en déduire ce principe, que l'on
diminue sensiblement la force d'une enceinte,
lorsque l'on ajoute en avant de chacun de ses
angles un appendice saillant (bastion ou redan),
dont l'angle au sommet est plus aigu que celui
du polygone de l'enceinte. On rend ainsi les approches de la forteresse plus faciles à l'assiégeant; et la défense en devient beaucoup plus
meurtrière.

Conservons donc soigneusement toute leur ouverture aux angles de nos polygones, sans oublier que la vraie place des flancs est bien celle
que leur assigne Montalembert ; c'est-à-dire le
milieu du côté, qui en est la partie la plus forte
et la plus facile à couvrir.

Le général Todleben mettrait cette vérité en grande lumière, si après avoir donné, dans son second volume, la perte totale de la garnison russe, il présentait un relevé spécial du nombre d'hommes mis hors de combat dans les bastions 5, 4, 3 et dans le bastion *Kornilow*, dont la prise détermina l'abandon de la partie Sud de la place.

Non-seulement le siége de Sébastopol a prouvé que les bastions étaient de très-mauvais ouvrages ; mais il a également démontré, jusqu'à complète évidence, la fausseté de l'assertion des ingénieurs anciens et modernes, qui prétendent que les premiers travaux d'approche d'une place hérissée de canons (comme l'était Sébastopol et comme le serait une forteresse polygonale bien construite et convenablement armée), ne présentent pas plus de difficultés que le commencement de l'attaque d'une place armée d'après les principes de l'école française, et dont toutes les faces sont soumises au tir d'enfilade.

A part les points douloureux de la défense (ces bastions où les Russes perdirent le plus de soldats), l'ensemble de la fortification de la place dans la partie attaquée était tracé avec une grande habileté. Les généraux Niel et Auger le reconnaissent, en constatant que, par suite de la configuration du terrain et de la forme de l'enceinte, presque toutes les parties échappaient au ricochet, et que les alliés ne pouvaient employer ce genre de tir que d'une manière exceptionnelle.

Nous trouvons à ce sujet la remarque suivante dans l'*Historique du service de l'artillerie* :

« D'après les observations qui avaient été
« faites et les renseignements recueillis, nos
« boulets tirés avec justesse avaient bouleversé
« les embrasures et démonté beaucoup de
« pièces ; mais ces dommages se réparaient sans
« trop de difficultés dans des parapets en terre
« dont les escarpes n'étaient pas revêtues. Le
« tracé général de la fortification étant en ligne
« droite avec des prolongements tombant dans
« des ravins profonds, ou coupant nos tranchées
« à de trop grandes distances, nous n'avions pu
« faire qu'un usage très-restreint du tir à rico-
« chet. Les bombes paraissaient avoir le plus
« d'efficacité et avoir occasionné le plus de
« pertes à l'ennemi. »

En dehors des bastions, il ne restait donc à l'artillerie des alliés qu'à soutenir une lutte directe et de plein fouet contre celle des remparts. Dans ce cas, l'assiégeant ne peut prendre le dessus, qu'autant qu'il possède un beaucoup plus grand nombre de bouches à feu. Or, l'armée de siége était bien loin de se trouver dans ce cas ; tandis que la défense réunissait la double supériorité du nombre et du calibre : on ne tarda même pas à reconnaître que l'armement du 3ᵉ bastion, considérablement renforcé, faisait perdre à l'attaque anglaise l'avantage qu'elle avait obtenu le jour de l'ouverture du feu.

Dans ces circonstances défavorables, il ne restait aux alliés qui avaient épuisé leurs munitions sans résultats décisifs contre une ligne de défense puissamment armée , qu'à suspendre le tir et à se retirer dans leurs camps, jusqu'à ce que l'arrivée de nouvelles quantités de pièces d'artillerie largement approvisionnées, expédiées de France et d'Angleterre, leur permît de sortir de la position défensive qu'ils venaient de prendre (1).

Mais pour attendre ces ressources et se mettre en mesure do lutter contre les secours venus de Russie, il fallut que les puissances alliées entretinssent à grands frais, pendant un hiver long et rigoureux, une armée de 60 mille hommes qui allait en s'augmentant chaque jour, dans un pays éloigné de 500 lieues de leurs frontières.

(1) Tome 1ᵉʳ, page 255.

Sans parler des charges que la Grande-Bretagne eut à s'imposer pour cet objet, on sait que la
France n'a pu liquider la part de dépenses qui la
concernait qu'au moyen d'un emprunt de 1,500
millions. L'entretien de l'armée, pendant les dix-
huit mois que dura l'expédition de Sébastopol,
s'éleva donc à près de trois millions par jour.

A la fin du siége, les batteries de l'attaque
comprenaient les nombres suivants de bouches
à feu :

|  |  |  |
|---|---|---|
| Batteries françaises. | Attaque de gauche . . . . . | 370 pièces. |
|  | Attaque de droite. . . . . . | 239 — |
|  | Total. . . . . . . . . | 609 pièces. |
| Batteries anglaises. | Attaque de gauche . . . . . | 111 pièces. |
|  | Attaque de droite. . . . . . | 83 — |
|  | Total. . . . . . . . . | 194 pièces. |

Supposons qu'avant d'entreprendre cette
guerre, le gouvernement français eût jugé convenable de consulter un officier d'artillerie aussi
expérimenté dans son service, qu'éclairé sur les
ressources militaires de la Russie, et de lui demander son avis sur la quantité de matériel nécessaire pour attaquer la place de Sébastopol ;
cet officier eût fait une bonne réponse, en présentant les observations suivantes :

« Sébastopol ne pourra tomber en notre pouvoir, si nous ne l'assiégeons avec 800 bouches à

feu de gros calibre. Admettons que sur ce nombre la France en fournisse 600.

« On trouve dans l'*Aide-mémoire* et dans l'*Inventaire du matériel d'artillerie* le moyen d'éva-
luer les frais qu'entraîne l'envoi d'une grosse
bouche à feu (canon de 24 ou mortier de 27),
suivi de tout l'attirail qui doit l'accompagner
dans un siége. Cette somme, qui est la même
dans les deux cas, se rapproche de 25,000 fr. (1);
mais pour éviter les mécomptes, on doit l'augmenter d'un cinquième (soit 30,000 fr.). (Ces
objets existent dans les arsenaux ; il ne s'agit ici
que des frais nécessaires pour leur remplace-
ment.)

« Les 600 bouches à feu de l'équipage exige-
ront donc une dépense de . . . 18,000,000 fr.

« Pour exécuter les mouvements de matériel du point de
débarquement aux batteries, il
ne faudra pas moins de 2,000
chevaux : en évaluant à 3,000 f.
le prix d'un attelage harnaché,
on aura pour cet article . . . . 3,000,000

Total pour le matériel et les
attelages. . . . . . . . . . . . 21,000,000 fr.

(1) Voir aux additions, note 4.

« C'est beaucoup ; surtout si l'on songe qu'il faut y ajouter les frais du personnel, du transport et de l'entretien des hommes et des animaux : mais avec une pareille masse d'artillerie jointe à celle des Anglais, et grâce à l'habileté des chefs et au courage des soldats, il n'est pas présumable que l'expédition dure plus de trois mois. Chaque mois étant évalué à 90 millions, l'expédition coûtera 270 millions, plus les 21 millions du matériel, soit 300 millions. »

C'est le cinquième de ce que la France a payé; et cependant le calcul a été fait largement.

Les deux gouvernements eussent fait de grandes économies en agissant d'après ces principes.

Il est donc indispensable que dès le début de toute expédition comportant un siége, le service de l'artillerie soit approvisionné de manière à ne jamais se trouver au-dessous des besoins. Le succès immédiat de l'opération en dépend. Lorsque cette condition n'est pas remplie, l'armée expéditionnaire se trouvera dans une position embarrassante dont on ne pourra la retirer qu'à force d'argent, si même elle n'est pas forcée d'abandonner la partie, comme nous le fûmes en 1834, à la première attaque de Constantine.

Revenons maintenant au siége de Sébastopol :

Aux 800 bouches à feu qui tiraient sur les ouvrages dans les derniers moments, la forteresse
en opposait 1,200. On comprend que devant ces
ressources colossales, le génie et l'artillerie des
armées de siége eurent à déployer la plus grande
énergie, et à exécuter des travaux d'une étendue
et d'une importance exceptionnelles sur un terrain pierreux et des plus difficiles.

On trouva 2,500 bouches à feu dans les magasins de la place ; mais le général Todleben fait
observer que la plupart de ces pièces ne pouvaient être utilisées, soit parce qu'elles étaient
hors de service, soit parce qu'elles manquaient
d'affûts, de projectiles, etc.

Ce siége mémorable nous a appris ou rappelé
une foule de principes intéressants au point de
vue de l'art militaire. La résistance opiniâtre de
Sébastopol fut la conséquence de la violation
d'un principe basé sur le bon sens, et que le colonel du génie John Jones énonce en ces termes :

« Tant qu'une forteresse peut communiquer
« avec une armée, attaquer cette forteresse, c'est
« attaquer l'ennemi par un seul front de fortifi-
« cation ; car chaque homme participe à la dé-
« fense à son tour. Si les deux armées sont

« de même force numérique, l'obstination à
« poursuivre un tel siége doit inévitablement
« ruiner les assiégeants, parce qu'ils n'y peu-
« vent réussir sans avoir mis hors de combat un
« nombre d'assiégés presque égal au leur ; et
« tout l'avantage est en faveur de ces derniers
« qui ont pour eux la force de leur position.

« C'est par cette raison que de faibles ouvra-
« ges, en avant de grandes places avec lesquelles
« ils ont de bonnes communications, bien sûres,
« peuvent se défendre très-longtemps, comme
« on l'a vu à Kehl, en avant de Strasbourg. At-
« taquer un semblable fort, c'est attaquer la
« place elle-même par un seul point, dont elle
« peut chaque jour relever la garnison. On doit
« donc toujours éviter de faire les siéges de
« cette manière, s'il y a possibilité d'agir autre-
« ment. »

Le passage suivant du journal du général Niel
développe la même pensée, en l'appliquant au
siége de la forteresse russe.

« Les difficultés et les dangers que présentait
« l'attaque de Sébastopol surpassaient de beau-
« coup ceux que l'on rencontre dans un siége
« ordinaire : nous ne voulons parler ni de l'ar-
« mement gigantesque de la place, ni de ses ap-

— 265 —

« provisionnements inépuisables, mais seule-
« ment de la force relative de la garde de tran-
« chée et de l'armée assiégée.

« Vauban dit que l'on estimait qu'il fallait que
« l'armée assiégeante fût dix fois plus forte que
« l'armée assiégée ; mais que de son temps on
« n'hésitait pas à attaquer une place à six ou
« sept contre un ; parce que les siéges ayant
« moins de durée, on peut avec ce nombre arri-
« ver, sans trop de fatigue pour la troupe, à
« fournir une garde de tranchée égale aux trois
« quarts de la garnison, et suffisante par consé-
« quent pour repousser les plus grandes sorties
« que peut faire l'assiégé.

« Or, à Sébastopol, la garnison était habituel-
« lement de 40,000 hommes et elle pouvait être
« doublée à un moment donné. D'après la règle
« ordinaire, il aurait donc fallu que la garde de
« tranchée fût tous les jours de 30,000 hommes,
« condition bien impossible à remplir ; car, in-
« dépendamment du travail à fournir pour la
« tranchée et les batteries, et des gardes néces-
« saires pour les lignes de circonvallation, il fal-
« lait des travailleurs pour la construction des
« routes, des hôpitaux, des magasins, pour le
« transport des vivres, du matériel et des muni-

« tions et pour la construction et le transport des
« fascines et des gabions que l'on allait faire
« au delà de *Balaklava.*

« C'est en ne laissant pas de repos au soldat,
« que l'on arrivait à fournir pour la garde de
« tranchée trois ou quatre bataillons à chacune
« de nos attaques qui, séparées par des ravins
« profonds, ne pouvaient pas se secourir mu-
« tuellement. Ces batteries formidables qui pen-
« dant le siége ont causé tant de pertes à l'armée
« russe sur laquelle elles concentraient leurs
« feux, n'étaient défendues que par 2,000 ou
« 2,500 hommes; et le gros calibre du canon de
« la place avait forcé les alliés à rejeter leurs
« camps à des distances telles, que si les Russes
« avaient fait une grande sortie avant le jour, ils
« auraient eu tout le temps de refouler la garde
« de tranchée et de détruire nos batteries, avant
« que l'on eût pu réunir des troupes de secours
« et les amener sur les lieux du combat. Quoi-
« que l'on eût cherché à remédier à ce danger en
« plaçant quelques troupes de réserve dans
« des plis de terrain entre les tranchées et les
« camps, nous étions cependant exposés tous les
« jours à voir nos batteries attaquées par des
« forces décuples de celles qui les défendaient. »

Le 19 juin, lendemain d'une journée malheureuse pour les assiégeants, le général Niel s'exprime en ces termes, à l'occasion de l'armistice
pendant lequel on procéda de part et d'autre à
l'enlèvement des morts :

« Les Russes accumulèrent leurs plus belles
« troupes dans tous les ouvrages du faubourg,
« en les plaçant en amphithéâtre sur les para-
« pets pour frapper l'imagination de nos soldats.
« La vue de forces si considérables prouve bien
« en effet que l'on n'est pas dans les circon-
« stances ordinaires d'un siége ; mais par un re-
« tour bien naturel, on se demande comment
« une armée si nombreuse se laisse enlacer
« dans des tranchées. »

Si le général Todleben reproche aux chefs de
l'armée française d'avoir manqué d'audace dans
quelques circonstances, par exemple en n'atta-
quant pas les ouvrages du Nord, en ne livrant pas
l'assaut à l'enceinte aussitôt après le passage de
la *Tchernaïa*, en ne s'emparant pas de vive force
du bastion n° 3 dans la journée du 17 octobre
et du bastion *du Mât* après la bataille d'*Inkermann*,
il est à remarquer que les généraux russes sont
blâmés à leur tour, et non sans apparence de raison, d'avoir négligé, pendant toute la durée du

siége, de tomber en masse sur les batteries de leurs
ennemis, dont ceux-ci ne pouvaient suffisamment assurer la défense.

Le siége de Sébastopol semble présenter en
effet de part et d'autre quelques preuves d'une
hésitation que l'on voit régner constamment dans
les premières opérations militaires entreprises à
la suite d'une longue paix. Il est probable que
si l'armée alliée eût eu pour chef un Ney, un Vandamme, ou quelque général aguerri des derniers
temps de l'Empire, aucune bonne occasion n'eût
été manquée et le siége eût duré moins longtemps.

Cette hésitation est dans le caractère humain.
En lisant les mémoires de Gouvion-Saint-Cyr,
on voit qu'elle existait dans les armées de la république, même en présence du couteau de la
guillotine qui menaçait la tête des généraux. Ce
stimulant brutal et terrible peut bien engager le
soldat timide à se battre résolument, forcer le
bourgeois d'une place assiégée à sortir de sa cave,
pour aller faire le coup de [fusil sur le rempart;
mais on ne donnera jamais ainsi au chef d'une
armée les qualités qui peuvent lui manquer pour
vaincre ses ennemis du premier choc et devenir
un grand homme de guerre.

Afin de nuire à nos attaques, les Russes employèrent avec succès les embuscades qui enfilaient les boyaux de tranchée. Souvent ils relièrent entre eux plusieurs de ces petits ouvrages pour en faire des lignes de contre-approche. Les auteurs les plus accrédités recommandent de ne recourir que sobrement à ce genre de travaux défensifs qui ne présentent de sécurité qu'autant que l'extrémité la plus avancée peut recevoir à bonne distance l'appui d'un fort placé en avant. Lorsque les contre-approches de la défense étaient terminées, il est arrivé aux assiégeants de s'en emparer brusquement, de les tourner contre la place, de gagner ainsi beaucoup de terrain en un instant et d'éviter une série de travaux très-dangereux.

« Mais, disait un officier russe à l'occasion de « l'ouvrage du 2 mai, les Français n'avançaient « pas ; il fallait bien que nous allassions à leur « rencontre ! »

C'est une erreur grave : sauf le cas extrême où une garnison à bout de munitions ou de vivres se voit forcée de tenter sa délivrance par un coup de désespoir, les conseils qu'elle doit habituellement suivre sont ceux de la patience et de la prudence ; et quelque lents que puissent être les progrès de son ennemi, si elle a lieu de le croire redoutable, elle doit éviter de provoquer le réveil du lion.

Enfin, la dernière faute que nous reprocherons aux braves défenseurs de Sébastopol fut, à l'époque de la construction du bastion *Kornilow*, entourant la tour *Malakow*, d'avoir rétréci la gorge de cet ouvrage, ce qui rendit impossible le succès des retours offensifs de la garnison, que les Français accablèrent dans cet étroit passage. Il est à notre connaissance que cette disposition ne fut pas approuvée par tous les ingénieurs russes.

Au XVII° siècle, Coëhorn avait réussi à s'emparer de plusieurs places, en écrasant d'aussi près que possible la fortification et ses abords, et forçant les défenseurs par une grêle de projectiles pleins et creux, d'abandonner le terrain en arrière des ouvrages attaqués, que l'on pouvait alors franchir inopinément. Vauban qui connaissait cette méthode ne l'admettait pas sans réserve ; il ne la considérait comme applicable que dans le cas où la fortification n'avait qu'une faible valeur. Telle était en effet l'enceinte improvisée de Sébastopol ; et c'est pour cela que l'attaque à la *Coëhorn* eut un effet décisif contre l'ouvrage *Kornilow*.

Mais les approches de la forteresse russe étant
balayées par les projectiles d'un très-grand nombre de bouches à feu qui garnissaient les remparts, l'assiégeant fut contraint de réduire ces
canons au silence par une artillerie supérieure,
placée près de l'enceinte pour produire de plus
grands effets, et de pousser en même temps ses
cheminements jusqu'à trente mètres de la contrescarpe du principal ouvrage, afin d'abréger
la durée et de diminuer les dangers de l'assaut.

Le général Niel dit à ce sujet :

« Frappés de la longueur du siége de Sébas-
« topol, quelques officiers étrangers ont émis
« l'opinion que les escarpes revêtues ne sont
« pas d'une utilité incontestable dans la défense
« des places fortes.

« Sébastopol, vaste camp retranché, défendu
« par des ouvrages de campagne à grand profil,
« tirait sa principale force d'un armement tel
« que l'on n'en peut rencontrer que dans un
« arsenal maritime, et d'une armée nombreuse
« qui a toujours conservé ses libres communica-
« tions avec l'intérieur de la Russie.

« Si l'enceinte eût été pourvue de bonnes
« escarpes revêtues, s'il avait fallu y faire brèche

« pour pénétrer par des passages difficiles en
« arrière desquels nos têtes de colonnes auraient
« rencontré une armée, Sébastopol eût été une
« forteresse inexpugnable.

« Que l'on compare en effet les travaux d'at-
« taque de Sébastopol à ceux d'un siége ordi-
« naire, on verra qu'au 8 septembre, jour du
« dernier assaut, on n'avait exécuté avec les plus
« grands efforts que les cheminements qui pré-
« cèdent le couronnement du chemin couvert ;
« on n'était donc pas dans la période des travaux
« les plus difficiles et les plus meurtriers d'un
« siége en règle ; et il n'y avait pas lieu de s'y
« engager, puisque les fossés de l'enceinte n'é-
« taient pas infranchissables, ainsi que l'événe-
« ment l'a prouvé. La difficulté était de vaincre
« l'armée russe sur le terrain préparé de longue
« main pour sa défense, tout autant que de sur-
« monter l'obstacle matériel de la fortification.
« Nos places d'armes étant établies à 30 mètres
« des ouvrages assiégés, on avait pu choisir
« l'instant du combat et s'élancer à l'improviste
« sur l'ennemi, que les feux de notre artillerie
« avaient forcé jusqu'au dernier moment à s'a-
« briter sous ses nombreux blindages : aller
« plus loin, c'eût été provoquer les Russes à
« prendre l'initiative de l'attaque.

« L'absence des murs d'escarpe qui auraient
« mis la place à l'abri de l'escalade n'exerçait
« pas moins d'influence sur la défense ; car les
« assiégés étaient forcés d'avoir en permanence
« à la gorge des ouvrages, des réserves prêtes
« à repousser l'assaut dont ils se sont vus mena-
« cés depuis le commencement du siége.

« Enfin, il est à remarquer que ces réserves
« qui ont été décimées de jour en jour par les
« feux concentriques de nos batteries, pouvaient
« sortir de l'enceinte par de larges débouchés (1)
« sans passer par les étroits défilés que forment
« les portes de nos places revêtues ; elles étaient
« donc une menace permanente pour les assié-
« geants qui se trouvaient exposés à voir leurs
« tranchées inopinéments envahies par la ma-
« jeure partie de l'armée russe. »

Cette appréciation très-juste qui nous est
présentée par le savant maréchal, fait naître la
réflexion suivante.

La place de Sébastopol, sans chemins couverts,

(1) C'est sur l'existence de ces larges ouvertures que se fondent les Russes
pour justifier leur abstention complète des grandes sorties, à partir de la
journée d'*Inkermann*. S'ils eussent, en effet, été repoussés derrière leurs
retranchements par l'armée de siége à la suite d'une de ces excursions, il
eût été fort à craindre que les vainqueurs n'aient pu, par ces grands passages, pénétrer dans la place pêle-mêle avec les vaincus.

sans demi-lunes ni places d'armes rentrantes, sans tenailles, escarpes ni contrescarpes, en un mot sans aucun de ces obstacles dont nous avons soin d'entourer les forteresses, afin de prolonger la lutte dans la dernière partie du siége, a pu retenir pendant près d'un an, devant ses retranchements de campagne, une armée pourvue de moyens d'attaque auxquels chaque journée donnait de l'accroissement.

Le système bastionné, aussi fortement armé qu'on puisse l'imaginer, n'est pas susceptible de présenter l'exemple d'une résistance aussi prolongée.

En effet, nous avons reconnu dans la première partie de cet ouvrage que le front de Cormon—taingne hérissé de canons et possédant 174 pièces le long de ses faces de bastions et de demi-lunes (ce qui représente l'armement maximun de ces parties) verra *en peu d'instants* toutes ces pièces mises hors de service par le tir d'enfilade, si l'assiégeant fait usage de canons de 12 rayés. A partir de ce moment, le siége prend la marche ordinaire : l'ennemi ne tarde plus à pénétrer sur la *zone du génie;* et l'on peut avoir une idée à peu près exacte de ce que durera l'opération en étu—diant les journaux de siége. Nous ne croyons pas qu'il faille plus de 40 à 50 jours pour entrer dans la place.

Le système bastionné, si bien combiné pour résister à l'ennemi dans la seconde partie du siége, est, à cause de la ricochabilité de ses faces, impuissant pour soutenir la lutte au loin sur la *zone de l'artillerie*. C'est cependant à cette époque que s'accomplit la partie vraiment aléatoire de l'attaque : ou la forteresse écrasée de bombes est obligée de céder immédiatement, ou bien, si elle est suffisamment approvisionnée, elle force l'ennemi à traîner le siége en longueur ou même à se retirer. Jamais les observations anciennes ne pourront assigner de limites à cette période de l'attaque, dont la durée dépend, en grande partie, du degré de prévoyance des puissances belligérantes.

Ainsi, l'enseignement le plus positif que l'on puisse retirer du siége de Sébastopol, est la démonstration de la force de résistance qu'un formidable armement donne aux plus faibles remparts.

Montalembert avait donc grandement raison, quand il regardait comme la meilleure fortification, celle qui, sur une longueur donnée, peut opposer à l'ennemi le plus grand nombre de

canons; pourvu toutefois que ces bouches à feu
soient soustraites au ricochet, qui ne tarderait
pas à les détruire.

## EXPÉDITION DU MEXIQUE.—SIÉGES DE PUÉBLA.

L'exemple tout récent de Sébastopol eût certainement dû porter le gouvernement français,
lorsqu'il déclara la guerre au Mexique, à pourvoir, dans un but très-économique, le corps expéditionnaire de ressources suffisantes en artillerie pour réussir dans l'attaque de Puébla.

Il n'en fut rien cependant; et la même faute
commise ne manqua pas d'être suivie de résultats semblables.

D'abord, après la tentative avortée contre cette
place, nos troupes furent obligées d'attendre
pendant plusieurs mois, au milieu des priva-
tions, l'arrivée du supplément de pièces et de
munitions nécessaires pour entreprendre le siége
avec chances de succès.

Cette abstinence forcée imposée à nos soldats
n'en a pas moins été dispendieuse pour le trésor:
nous pouvons en donner une idée par la citation
du passage suivant du discours de M. Thiers au

Corps législatif, lorsqu'il passe en revue les anciens budgets, dans la séance du 2 juin 1865.

« En 1862, dit-il, est venu le budget rectifi-
« catif, qui a ajouté 193 millions ; et cela s'ex-
« plique. C'était l'année des grandes dépenses
« du Mexique, l'année de l'échec de Puébla, que
« l'on a très-bien fait de réparer, et qui a été
« très-glorieusement réparé. »

L'entretien de l'armée au Mexique pendant si longtemps et l'expédition du supplément d'artillerie ont donc nécessité une dépense de près de 200 millions, dont une partie minime, affectée à l'envoi de ces bouches à feu dès le début de la guerre, eût suffi pour assurer la prise de Puébla, beaucoup moins bien fortifiée en 1860 qu'en 1861.

Cette faute a été si souvent répétée par le gouvernement français, qu'il semble que ceux qui la commettent soient incorrigibles, et que l'expérience du passé n'exerce aucune influence sur leur esprit.

Il importe de rechercher la cause d'une pareille erreur, dont les conséquences sont ruineuses pour le pays et compromettantes pour le succès de nos armes.

Les opinions sont partagées sur le motif qui nous fait toujours pourvoir d'une manière insuffisante nos équipages de siége.

Les uns attribuent cette erreur constante à un défaut de notre caractère national un peu trop enclin à la présomption. Suivant eux, comme les émigrés français qui s'imaginaient en 1792 mettre fin à la révolution par leur seule apparition sur la frontière, nous serions toujours portés à croire qu'en nous présentant devant une place, le gouverneur ne peut songer à nous opposer une résistance sérieuse ; et qu'il est inutile de nous faire suivre de grands moyens de réduction.

Les autres croient, qu'au moment où l'on délibère sur la question de savoir si telle expédition aura lieu, les personnes intéressées à ce qu'elle se fasse ont soin d'atténuer autant que possible les dépenses présumées de cette guerre, en réduisant au-dessous du nécessaire la quantité de matériel à transporter sur les lieux. On agirait donc en cette circonstance comme l'architecte qui présente à son client un devis inférieur à la réalité, pour le déterminer à construire sa maison, sauf à le mettre dans l'embarras au moment de la liquidation des dépenses.

Sans nier la valeur de ces motifs, nous sommes convaincu que cette parcimonie à l'égard des équipages de siége, doit être principalement attribuée à l'influence des idées de Cormontaingne infiltrées dans nos esprits par l'enseignement de l'école de Metz.

En déclarant que *l'infanterie est préférable au canon dans la défense* et en mettant très-peu d'artillerie sur les remparts, cet ingénieur nous porte à croire qu'il est inutile d'attaquer une place avec un grand nombre de pièces; d'autant plus que ses collègues ne veulent pas que l'on dirige des bombes dans l'intérieur des villes.

Ne serait-ce pas une conviction de cette nature qui aurait porté le Comité d'artillerie, il y a plusieurs années, à considérer un équipage de 175 bouches à feu comme suffisant pour conquérir *une place de première force?* (1).

Espérons que les siéges de Sébastopol et de Puébla ouvriront les yeux à ceux de nos camarades qui s'imaginent n'avoir jamais à attaquer que des remparts défendus à la Cormontaingne.

M. le major Brialmont fait, à l'occasion de la

(1) Voir la 1re partie, pages 244 et suivantes.

prise de cette place, des réflexions fort justes sur la conduite que doivent tenir les assiégés après l'escalade de la brèche.

« Au moment où nous écrivons ces lignes, dit-
« il, un nouveau siége vient de justifier d'une
« manière éclatante l'utilité des ouvrages indé-
« pendants et des dispositifs de défense inté-
« rieure.

« L'enceinte de Puébla se compose de petits
« fortins reliés par de longues courtines. Au
« centre de la place, les Mexicains, sous la con-
« duite du général Ortéga, avaient fortifié des
« pâtés de maisons auxquels ils avaient donné le
« nom de *quadres*. Les Français qui n'avaient
« eu besoin que de sept jours (du 17 au 24 mars)
« pour faire l'investissement et de cinq jours
« pour entrer dans la place, furent arrêtés six
« semaines par les *quadres*; et quand la place se
« rendit, le 17 mai 1863, ils n'avaient pas encore
« atteint le centre de la ville, où se trouvait le
« réduit de la défense, formé d'une vingtaine de
« *quadres* entourant la place d'armes et la cathé-
« drale, et reliés entre eux par des barricades.
« Une place ordinaire, gardée par des géné-
« raux et des soldats imbus de l'idée fausse que
« l'on peut se rendre honorablement quand le

« corps de place est battu en brèche, n'eût pas
« résisté quinze jours dans les mêmes condi-
« tions. »

C'est un nouveau démenti donné à Cormontaingne, qui veut que l'on se rende avant l'assaut à la dernière brèche.

Lorsqu'un assiégant a lieu de croire que les
défenseurs de la forteresse qu'il attaque lui pré-
parent à l'intérieur une guerre de barricades,
dont il ne pourrait triompher qu'après une perte
de temps considérable et au prix de la vie de ses
meilleurs soldats, le seul moyen qu'il ait d'épargner leur sang est d'écraser la ville de bombes
et d'obus, afin de rendre impossible l'achèvement et la défense de ces obstacles.

Les Français se fussent donc rendus maîtres de
Puébla en bien moins de temps et avec beaucoup moins de pertes, s'ils eussent été convenablement approvisionnés en projectiles creux ;
mais ils en manquèrent, suivant l'usage, malgré
leur dépense supplémentaire de 193 millions.

### BOMBARDEMENT DE GAËTE, EN 1860.

Si l'armée piémontaise eût tenté de pénétrer
par la brèche dans cette forteresse, elle s'y fût

trouvée aux prises avec les obstacles extérieurs presque insurmontables que la nature et l'art y ont accumulés ; et après y avoir éprouvé de grandes pertes, elle eût été sans doute forcée de lever le siége.

C'est en tirant du dehors dans la place une énorme quantité de projectiles, que cette armée a pu lasser la constance du roi de Naples, et faire tomber de la tête de ce jeune souverain une couronne que, dans les derniers jours de son règne, il avait si noblement défendue.

———

# TROISIÈME PARTIE.

CONSÉQUENCES A TIRER DE CE QUI PRÉCÈDE :

1° Par rapport aux constructions futures ;
2° Par rapport à l'enseignement de la fortification ;
3° Conclusions.

## CHAPITRE I<sup>er</sup>.

DES TRAVAUX A EXÉCUTER DANS L'AVENIR.

ARTICLE I<sup>er</sup>. — ENCEINTES.

De tous les modes d'attaque que l'on puisse
employer contre les forteresses, le bombardement est bien le plus redoutable et le plus décisif. Dans une ville qui reçoit une grêle de projectiles creux sur tous les points de sa surface,
rien ne résiste à leurs explosions : ni les citoyens,
ni les soldats ne sont assurés de cinq minutes
d'existence, tant les catastrophes se suivent avec

rapidité. Vainement chacun cherche à préserver
sa vie ; les abris manquent toujours, l'éventualité d'un siége étant trop peu probable pour déterminer les habitants, pendant la paix , à se
construire des logements sous des voûtes épais-
ses, froides, humides, et non moins malsaines
dans le midi que dans le nord de la France.

Un préservatif efficace contre ce fléau serait le
procédé que l'on emploie avec succès contre le
choléra, et qui consiste à déplacer la population;
mais cette mesure présenterait de bien grandes
difficultés pendant la guerre. Que faire de tous
ces habitants dépaysés? Faudra-t-il que l'Etat se
charge de les nourrir , puisqu'il les éloigne de
leur commerce et de leurs moyens d'existence?
Le sort qu'on leur prépare au loin ne sera-t-il pas
pire que celui dont ils étaient menacés chez eux,
si l'on dépose ces malheureux dans une province
qui doit être bientôt envahie?... En pareille matière, il vaut mieux laisser chacun libre de ses ac-
tions; mais alors sans doute le nombre des émigrés volontaires ne sera pas très-considérable ,
et la masse de la population restera dans la
ville.

Le premier devoir du gouverneur doit être de

préserver ces habitants et sa garnison (car leur cause est commune) des maux qui les accablent, non pas seulement en réprimant les incendies au moyen de pompes, procédé toujours illusoire ; mais en travaillant à prévenir les désastres , par la concentration du feu de toute l'artillerie des remparts sur les batteries incendiaires. Les canons de la place ne doivent faire aucune attention à ceux qui les contrebattent, mais s'attacher à imposer silence aux bouches à feu qui vomissent la destruction dans la ville. Si l'armement de la place est suffisant, ce but ne peut manquer d'être atteint.

Or, il est impossible d'obtenir ce résultat dans une place bastionnée, à cause de la grande facilité avec laquelle le ricochet de l'assiégeant peut éteindre le feu de toutes les pièces découvrant la campagne et qui sont prises d'enfilade sur les remparts. Aussi avons-nous vu les anciens maîtres s'empresser d'en faire descendre les canons, dès l'ouverture du feu de la parallèle ; ils laissent alors le champ libre aux bombes pour détruire la ville. Est-ce donc ainsi que l'on défend les places ? Nous défions le système bastionné de se comporter autrement, fût-il armé selon les principes de Rogniat, c'est-à-dire avec le maximum d'artillerie que ses faces puissent contenir (1).

Il y a donc incompatibilité absolue entre les attaques incendiaires, et le système bastionné beaucoup trop faible pour leur résister. Cette vérité a été tellement comprise par les partisans des bastions, que tous, sans en excepter Vauban, se sont constamment élevés par divers motifs contre le tir des bombes à l'intérieur des villes (2). Le grand ingénieur croyait cette méthode inefficace : les événements l'ont bientôt détrompé. Ses successeurs qui voulaient discréditer ce système, ont crié à la barbarie ; mais comme il n'est au pouvoir de personne de supprimer un procédé de guerre dont les succès frappent tous les yeux, le bombardement est resté dans nos moyens militaires : les bastions doivent donc en disparaître ; et il faut que nos ingénieurs les abandonnent à tout jamais, comme l'ont fait leurs collègues des autres puissances européennes, pour adopter un système bien plus redoutable , puisqu'il permet d'accroître pres-

(1) Avec toutes les bouches à feu de son armement, Rogniat n'entend soutenir le combat que pendant une journée ; il retire ensuite ses pièces, s'il n'est pas le plus fort. Il n'a point songé au cas du bombardement.

(2) Voir ce que dit le colonel Vauvilliers à ce sujet, 4ᵐ partie, pages 365 et 366.

que indéfiniment le nombre des canons du rempart, et qu'ils les préserve en même temps des atteintes du ricochet. Prétendre désormais soutenir les bastions, ce serait déclarer, avec Cormontaingne et Fourcroy, que l'on veut se passer d'artillerie pour la défense, et qu'aucun effort ne sera tenté dans le but d'empêcher l'ennemi de détruire les villes par l'incendie.

Nous n'avons donc rien de mieux à faire que de mettre de côté tout respect humain, tout esprit de corps, en présence de l'intérêt de la France, et de suivre l'exemple de nos voisins, puisque nous ne les avons pas devancés. Sachons opposer aux attaques par l'artillerie qui deviennent de plus en plus formidables, un système de fortification en mesure de leur résister efficacement ; et n'hésitons pas à prendre le système polygonal simplifié de Montalembert, qui se plie avec une merveilleuse facilité à tous les perfectionnements devenus nécessaires par le progrès des armes.

Si donc la poussée des terres, agissant à la longue contre de vieilles escarpes, rend indispensable la reconstruction d'un ou de plusieurs fronts d'une de nos places, dans la partie la plus menacée, remplaçons immédiatement les bastions par des caponnières.

Montalembert s'imaginait que toutes les forteresses construites au xvii°siècle étaient à la veille
de tomber en ruines, et il se félicitait d'arriver
fort à propos avec son nouveau système. Heureusement pour nos finances,—nous ne dirons
pas, pour notre force militaire,—il se trompait :
les remparts de Vauban ont survécu d'un siècle
à ses prévisions et paraissent devoir durer longtemps encore. Nous conviendrons donc très-vo-
lontiers avec M. le général Noizet, qu'il s'agit
bien plus aujourd'hui de conserver ce que nous
avons, que de vouloir faire du neuf à tout prix.

Cependant, nous avons eu quelques exemples
de villes fortifiées, dans lesquelles le commerce
et l'industrie ont pris un tel essor, que les habitants se sont trouvés à l'étroit dans leurs murailles. Les réclamations qu'ils ont faites ont fini
par être écoutées ; et les vieux remparts ayant
été démolis, il a fallu construire d'autres enceintes. Toulon et Lille se sont trouvées dans ce
cas. Mais en examinant la forme des nouveaux
ouvrages, ce n'est pas sans un serrement de
cœur que l'on y voit encore la préférence donnée au système bastionné de 360 mètres de côté
extérieur : l'enceinte de Toulon fut commencée
avant la guerre de Crimée ; mais quand on songe

que la seconde est d'une date plus récente, n'est-on pas tenté de se demander si le siége de Sébastopol ne nous aurait rien appris ?

Encore si le système polygonal dont nous parlons coûtait plus cher que le système bastionné, nous comprendrions que l'on pût hésiter entre les deux ; mais c'est tout le contraire, et Montalembert lui-même va nous en donner la preuve.

Cet auteur compare au carré bastionné son carré royal construit d'après le système polygonal de 1777 et dont il a réduit le côté à 360 mètres. Il suppose qu'un assiégeant se présente devant un des angles de ce carré royal. Les premiers travaux de la parallèle seront soumis au feu des deux côtés de ce fort ; et voici le nombre de pièces ayant action sur la campagne :

Dans les capionnières casematées (étage supérieur). . . . . . . . . . . . . . . . . 18 pièces.

Dans les deux flancs casematés avec leurs retours (étage supérieur). 46 pièces.

Sur les courtines casematées(étage supérieur). . . . . . . . . . . . . 36 pièces.

A *reporter*. . . . . . . 100 pièces.

*Report*. . . . . . . 100 pièces.

Dans la caserne casematée couvrant la tour (étage supérieur). . . 18 pièces.

Dans les casemates des places d'armes rentrantes (étage supérieur). . . . . . . . . . . . . . . 12 pièces.

Total des pièces casematées sur les deux côtés. . . . . . . . . . 130 pièces.

A découvert sur les remparts de deux cotés et sur le couvre-face général . . . . . . . . . . . . . 200 pièces.

Total des bouches à feu qui peuvent s'opposer à l'établissement des batteries . . . . . . . . . . . . 330 pièces.

Si l'assiégé peut connaître, au moyen d'aérostats ou de toute autre manière, quel sera l'emplacement exact des batteries du siége, il n'en laissera pas construire une seule; ou bien leur feu serait immédiatement éteint par cette artillerie supérieure, dont les canonniers sont en partie abrités sous des voûtes.

Le carré royal est d'une puissance bien grande auprès de celle du carré bastionné du système

Cormontaingne, même en supposant celui-ci pourvu de contre-gardes.

« Dans ce dernier, dit Montalembert, il n'y a
« pas un seul endroit qui ne soit à tout moment
« labouré par les boulets et renversé par les
« bombes ; le feu y éclate à la fois de tous côtés ;
« on ne peut y manger ni y dormir en repos ;
« et comme la valeur ne peut s'exercer qu'autant
« que les forces du corps y répondent, des sol-
« dats morts de lassitude, fussent-ils autant de
« Césars, ne seraient capables de rien. C'est ce-
« pendant à quoi ils sont exposés dans toutes les
« places. Il n'y a que les grandes villes et les
« grosses garnisons dont on doive attendre quel-
« que défense (1). On ne peut pas compter sur
« les petites places dans les systèmes adoptés.
« Cependant elles coûtent beaucoup à construire
« et beaucoup à entretenir ; et s'il était vrai qu'il
« fût impossible de prendre notre fort, ne de-
« vrait-on pas en construire de semblables,
« quelque dépense qu'il dussent occasionner,
« ou renoncer aux forts d'une manière absolue ?

« Mais nous affirmons que le carré royal coû-

____

(1) Montalembert ne songe pas ici à l'effet des bombes sur les populations nombreuses.

« tera moins qu'un carré bastionné de côté égal,
« construit dans de bonnes proportions. Nous
« prendrons pour comparaison, des remparts de
« 10 mètres de hauteur, donnant (y compris les
« fondations supposées à une demi-toise de pro-
« fondeur et le revêtement du parapet) 10 toises
« cubes par toise courante, avec tenailles, demi-
« lunes, réduits et poternes d'usage ; et nous
« disons que chaque front bastionné de cette
« nature, sans aucun ouvrage extérieur, con-
« tient 5,260 ou 5,300 toises cubes de maçon-
« nerie, sans y comprendre aucun logement ; ce
« qui fait pour quatre fronts, 21,000 toises cu-
« bes de maçonnerie ; à quoi ajoutant seulement
« les quatre contre-gardes avec les huit places
« d'armes rentrantes revêtues, pour former
« une seconde enceinte, on trouverait environ
« 6,500 à 7,000 toises cubes de maçonnerie
« pour le front ; ainsi, le total du carré bas-
« tionné avec ses contre-gardes, formera un
« ensemble de 28,000 toises cubes de maçon-
« nerie.

« Nous avons fait le toisé exact de toute la
« maçonnerie d'un côté de notre carré royal, sans
« y comprendre le couvre-face général ; et nous
« l'avons trouvé contenir 3,840 toises, 5 pieds

« 7 pouces cubes de maçonnerie, ce qui fait pour
« les quatre côtés. . . . . . . 15,363ᵗ 4ᵖ· 4ᵖᵒ·

    « Un côté du couvre-face gé-
« néral pourrait être réduit,
« sans trop l'affaiblir, à 800
« toises cubes ; mais son toisé,
« dans la proportion donnée
« sur le plan, monterait à 1,012
« toises, et pour les 4 côtés à   4,048

    « Total de ce fort. . 19,411ᵗ· 4ᵖ· 4ᵖᵒ·

    « D'où l'on voit que le carré bastionné, avec
« sa deuxième enceinte, contient 28,000 toises
« cubes, tandis que le fort royal n'en contient
« que 19,411. Il en contient 8,589 de moins ;
« mais dans le tracé du carré bastionné, il n'y
« a d'autres souterrains que les poternes : il en
« résulte que le logement des troupes, les maga-
« sins aux vivres et aux munitions restent à éta-
« blir en entier dans des bâtiments spéciaux ;
« tandis que dans notre fort, la plus grande par-
« tie de ces locaux est donnée par nos souter-
« rains, et d'une manière bien plus avantageuse ;
« puisque tout ce que l'on y placera n'aura rien
« à craindre ni des boulets, ni des bombes ; de
« manière qu'en cas de siége, on pourrait n'oc-

« cuper que ces souterrains qui sont très-consi-
« dérables.

« Leur superficie est de 10,664 toises carrées,
« étendue assez grande pour que toute la garni-
« son, avec ses approvisionnements pour un an,
« y soit logée à l'aise... »

Tel est le résultat de la comparaison du premier système polygonal avec le système bastionné. M. de Zastrow fait aux calculs de Montalembert l'objection que les épaisseurs de ses murs
sont en général trop faibles ; toutefois il ajoute
que si dans l'exécution on les augmente suffisamment, les frais de construction deviennent à peu
près les mêmes de part et d'autre.

Mais ce n'est pas le système polygonal com-
pliqué, avec ses hautes batteries casematées, ses
flancs obliques, ses courtines, ses casernes défensives, ses cavaliers et ses tours, que nous
avons signalé comme devant être employé de
préférence ; c'est le système polygonal *simplifié,*
n'ayant d'autres casemates à canons que les
grandes caponnières, les batteries flanquantes
des rentrants du couvre-face général et les traverses du corps de place. Le reste du front se
compose de remparts terrassés d'un profil simple,
quelquefois même sans escarpe.

Il est un élément de la fortification qui exerce une très-grande influence sur le prix des ouvrages, c'est la longueur de la ligne de défense. Sur quoi doit-on se baser pour fixer cette dimension ? Faut-il, avec Cormontaingne qui préférait nne défense toute de mousqueterie à la défense par le canon, prendre pour cette longueur la bonne portée du fusil évaluée à 300 mètres. Presque tous les ingénieurs se sont rangés à cet avis, et M. le général Noizet l'approuve de la raison suivante :

« Quand on construit une place, dit-il, on
« doit toujours supposer que l'on aura des
« hommes pour la défendre ; et ces hommes
« étant tous armés de fusils, on est sûr de pou-
« voir faire usage de la mousqueterie pour le
« flanquement du corps de place ; tandis que
« l'on n'est pas certain d'avoir à un moment
« donné, ou assez de canons pour armer tous
« les flancs, ou assez de canonniers pour servir
« ces canons. »

L'expérience de la guerre nous prouve de la manière la plus évidente qu'il est inutile de construire des places : l'on n'a pas de canons pour les protéger. Toute forteresse dont l'armement en artillerie sera au-dessous de ses besoins, aura de grandes chances d'éprouver le sort de Verdun, fût-elle même défendue par un ingénieur de la force de Bousmard. Si elle n'a que de l'infanterie pour garnir ses flancs, elle ne sera jamais en mesure de repousser une attaque de vive force ; voici ce que nous dit à ce sujet M. le major Brialmont :

« Le tir à mitraille a des effets que ne peut
« produire la mousqueterie et qui justifient son
« emploi comme tir principal dans le flanque-
« ment des ouvrages permanents. Il exerce une
« grande influence sur le moral du soldat, natu-
« rellement enclin à exagérer les effets du canon,
« comme il exagère ceux des contremines. Tel
« soldat hésitera, reculera même devant une
« pièce chargée à mitraille, qui bravera sans
« sourciller le feu de vingt fusiliers. C'est un fait
« consacré par l'expérience, et qui s'explique
« du reste par les ravages plus grands que fait la
« mitraille dans une colonne montant à l'assaut.
« Un autre effet précieux de la mitraille est de
« briser les échelles dans une attaque de vive
« force, et de percer les matériaux de sape dans
« une attaque pied à pied.

« La mousqueterie flanquante peut bien tuer
« des hommes ; mais elle est impuissante à ren-

« verser une échelle ou à retarder l'exécution
« d'une sape dans un fossé.

« Par cette raison, nous ne saurions considé-
« rer comme étant à l'abri de l'escalade, ou
« comme pouvant opposer un obstacle sérieux à
« une attaque pied à pied, les ouvrages perma-
« nents dont les fossés ne sont flanqués que par
« une douzaines de créneaux, tels par exemple
« que les forts d'Alexandrie et ceux de la tête
« du pont de Deutz.

« Nous avons, dans tous nos projets, supposé
« que le flanquement serait assuré par des pièces
« tirant à mitraille sous des abris voûtés ou blin-
« dés; et en conséquence, la ligne de défense
« a été portée à 500 mètres, chaque fois que les
« dimensions de l'ouvrage ou la nature du ter-
« rain ne s'y opposaient pas. Cette longueur au
« surplus n'est pas tellement grande, que si l'ar-
« tillerie faisait défaut, l'infanterie ne pût con-
« courir au flanquement; puisque le fusil rayé,
« à 600 pas, peut lancer 3 balles pour 100 dans
« une cible de 2 mètres de côté.

« Nos caponnières composées d'un étage ca-
« sematé et d'une plateforme, ont l'avantage

« d'assurer le flanquement simultané par le ca-
« non et par la mousqueterie. »

Ces grands côtés d'un kilomètre de long, sur
lesquels on peut placer une puissante artillerie,
nous paraissent en effet très-favorables à la défense. Nous croyons pourtant qu'on ne devrait
leur donner une pareille longueur qu'aux conditions suivantes :

1° Que les dimensions de la caponnière soient
augmentées, et qu'elle contienne un plus grand
nombre de bouches à feu, afin de compenser par
la quantité des projectiles envoyés à l'ennemi la
moins bonne qualité du tir à 500 mètres.

2° Que le plan de la contrescarpe ne soit pas
parallèle à celui de l'escarpe, mais aille en s'en
rapprochant de plus en plus vers le saillant. On
se procurerait ainsi le double avantage de ne pas
laisser à l'assiégeant plus de place pour établir
sa contre-batterie ; et, s'il peut découvrir la direction de la contrescarpe, il ne saurait en conclure la vraie direction de l'escarpe, pour la ricocher par dessus le couvre-face du front collatéral.

M. Brialmont cite l'exemple suivant comme

preuve de l'inconvénient des petits fronts (il n'admet pas, comme nous, qu'il soit nécessaire d'a-
grandir les caponnières).

« Pour flanquer un petit front, dit-il, il faut
« autant d'artillerie que pour un grand front, et
« la garde n'en est pas plus facile. On diminuera
« donc les frais d'acquisition du matériel et de
« construction des abris voûtés, en adoptant un
« tracé qui réduise à son minimum le nombre
« des côtés d'une enceinte.

« L'avantage est surtout sensible pour les
« places de premier ordre : prenons Paris pour
« exemple.

« Cette place a 32 kilomètres de circuit et 94
« fronts bastionnés à son enceinte.

« Admettons qu'il faille 5 bouches à feu par
« flanc et 3 canonniers par pièces ; pour 188
« flancs, il faudra 940 bouches à feu et 2,820
« canonniers.

« Si au lieu des 94 fronts bastionnés, l'en-
« ceinte se fût composée de 31 fronts polygo-
« naux de 1050 mètres de longueur, la défense
« de l'enceinte contre une attaque de vive force

« eût été assurée par 310 pièces et 930 canon-
« niers.

. « Au lieu de 188 postes de surveillance (1 par
« flanc) ou de 94 (1 par bastion), il n'en aurait
« fallu que 31.

« La comparaison sera encore plus favorable
« aux grands fronts polygonaux, si l'on admet
« que l'artillerie des flancs y sera mise à l'abri
« des feux verticaux. Dans ce cas, le système
« bastionné exigerait 940 caves à canon ; et le
« système polygonal n'en aurait besoin que de
« 310.

En considérant la défense sous un point de
vue plus général, on ne saurait douter qu'il y ait
à la fois avantage et économie, par la réduction
au minimum du nombre des flancs, à se donner
une aussi petite quantité que possible de saillants
à surveiller, et à renforcer soit par des dispositifs de contre-mines, soit par des retranchements
intérieurs.

Quant à l'économie résultant de la diminution
du nombre des bouches à feu, nous ne la croyons
pas réelle ; car, plus les côtés seront grands,
plus il faudra d'artillerie pour les garnir.

*Le tableau suivant indique les surfaces habitées, dans l'hypothèse d'enceintes polygonales de 1000 et de 500 mètres, et dans celle d'enceintes bastionnées de 360 mètres de côté extérieur.*

| DÉSIGNATION des POLYGONES réguliers. | SURFACES HABITÉES. | | SYSTÈME bastionné de 360m de côté extérieur. | OBSERVATIONS. |
|---|---|---|---|---|
| | SYSTÈME POLYGONAL | | | |
| | de 1000m de côté. | de 500m de côté. | | |
| | hectares. | hectares. | hectares. | Ces chiffres calculés trigo- |
| Carré. . . . . | 86 | 28 | 3 | nométriquement et à un hec- |
| Pentagone . . | 155 | 52 | 8 | tare près, ne présentent que |
| Hexagone. . . | 244 | 84 | 13 | des approximations. |
| Eptagone. . . | 338 | 116 | 22 | Si l'on voulait avoir une |
| Octogone. . . | 455 | 156 | 34 | idée du nombre des habitants |
| Ennéagone. . . | 585 | 203 | 48 | qui occuperait chacune de ces |
| Décagone. . . | 734 | 255 | 64 | surfaces, il faudrait en mul- |
| Endécagone. . | 904 | 307 | 80 | tiplier le chiffre par 200, |
| Dodécagone. . . | 1083 | 378 | 101 | comme on l'a fait dans le ta- |
| Pentédécagone . | » | 602 | 172 | bleau de la p. 41. 1re partie. |
| Icosagone. . . | » | 1106 | 332 | |

Ce tableau prouve qu'une surface régulière de 28 hectares environ peut se fortifier, soit par un carré polygonal de 500 mètres de côté, soit par un eptagone bastionné.

On reconnaît encore qu'une surface de 86 hectares est susceptible d'être entourée, soit d'un carré polygonal de 1000 mètres de côté, soit d'un hexagone polygonal de 500 mètres, soit enfin d'un endécagone bastionné : la première combinaison serait la plus économique.

En effet,

| | Caponnières ou flancs à construire. | Points d'attaque à surveiller et à renforcer. | Développement d'escarpe à construire. | OBSERVATIONS. |
|---|---|---|---|---|
| Dans le premier cas, on aurait. . . . . | 4 | 4 | 4000ᵐ | La construction des caponnières équivaut à peu près à celle des tenailles du front bastionné. |
| Dans le second. . . | 6 | 6 | 3000ᵐ | |
| Dans le troisième. | 20 | 40 | 4642ᵐ | |

De même, on voit que l'eptagone de 1000ᵐ de côté, l'endécagone de 500ᵐ et l'icosagone bastionné entoureraient la même surface régulière de 338 hectares environ.

| | | | | |
|---|---|---|---|---|
| Dans le premier cas, on aurait. . . . . | 7 | 7 | 7000ᵐ | Autant de saillants, autant de dispositifs de contre-mines et de retranchements intérieurs à construire si l'on veut être sur ses gardes. |
| Dans le second. . . | 11 | 11 | 5500ᵐ | |
| Dans le troisième. . | 40 | 20 | 9224ᵐ | |

En allongeant d'une travée la caponnière de l'eptagone de 1000 mètres, de manière à lui donner plus de canons, et en adoptant pour le tracé de l'enceinte la disposition allemande indiquée dans la note de la page 181, 1ᵉʳ volume, le saillant du couvre-face général, en avant du ravelin, empêcherait l'assiégeant de prendre le prolongement du côté collatéral, afin de le ricocher. Toutefois, pour préserver de ce tir la fortification polygonale, nous pensons qu'il faut surtout compter sur le nombre et le calibre des gros canons qui défendent les remparts.

*Des profils.* — Ce n'est pas seulement en ce qui concerne le tracé de la fortification que nos ingénieurs sont restés en arrière des progrès : leurs profils sont encore aujourd'hui sensiblement les mêmes qu'au XVII° siècle; et cependant des effets nouvaux observés sur le tir des bouches à feu auraient dû y faire introduire des modifications. L'adoption du système polygonal a pour conséquence de produire dans les profils d'autres changements très-avantageux pour la défense.

Ainsi, le grand commandement qu'il est permis de donner au corps de place sur les dehors de ce dernier système (1) et que M. le major Brialmont propose d'élever à 10 mètres au dessus de la crête du couvre-face général, a pour conséquence d'allonger le talus extérieur dans une proportion d'autant plus grande que ce talus devra se prolonger jusqu'à une hauteur de plusieurs mètres au dessous de la crête du couvre-face général, afin de tenir le cordon de l'escarpe à l'abri des effets du tir plongeant des projectiles creux partant de grandes distances. On sait

(1) Voir la 1re partie, page 190.

parfaitement aujourd'hui qu'il n'est point nécessaire de découvrir une escarpe, pour la battre
en brèche de loin avec des canons rayés : le
seul moyen de préserver la maçonnerie de cette
cause de destruction consiste à baisser le cordon
en le rapprochant du fond du fossé.

On suppose que cette cote d'abaissement étant
fixée au sixième de la distance horizontale de la
crête au plan de l'escarpe, le tir ordinaire en
brèche et le tir plongeant à 1,500 mètres de distance ne feraient que peu de dégradation à la
maçonnerie. Si, par exemple, la crête du couvre-face général est éloignée de 30 mètres des
plans de l'escarpe, le cordon devra être à 5 mètres en contre-bas du plan des crêtes ; alors le
talus extérieur aurait 15 mètres de hauteur sur
15 mètres de base et la ligne de plus grande
pente de talus aurait 21 mètres de longueur.

Dans une place bastionnée, le plan vertical
passant par la crête intérieure du corps de place
n'est éloigné que de 10 à 11 mètres du plan de
l'escarpe. Dans le profil d'un corps de place
polygonal à grand commandement, cette distance entre les plans serait de 23 mètres. Pour
éviter de donner une aussi forte épaisseur au
parapet, on est obligé de renoncer à isoler l'es-

carpe du rempart et de supprimer le couloir GH
(*Planche IV, fig.* 2). On porte donc l'escarpe en
arrière, de manière à la faire devenir mur de sou-
tènement ; mais si l'on voulait conserver à cette
escarpe la hauteur de 10 mètres, le fossé deviendrait alors trop profond. Il faut en conséquence
réduire à 6 mètres la hauteur du revêtement.

Cette faible élévation de la muraille que l'on
pourrait escalader avec d'assez courtes échelles,
n'inspirera-t-elle pas des craintes sérieuses sur la
conservation de la forteresse, aux ingénieurs qui,
comme le général Prévost de Vernois, ne jugent
pas que la place de Paris soit à l'abri d'une attaque de vive force avec ses escarpes de 10 mètres ?

Nous reconnaissons que les inquiétudes du
général sont très-fondées ; puisque l'enceinte
à l'occasion de laquelle il les manifeste, est
construite d'après le système bastionné. L'accès
du pied des murs n'est ici défendu que par le feu
des flancs, défense très-précaire ; puisque ce feu
ne consiste que dans une seule rangée de canons
et de fusils tirant du haut du parapet, et que
l'assiégeant fera taire de loin avec une grande
facilité.

Ce résultat obtenu, et le feu des faces et des
courtines éteint par une artillerie supérieure,

des hommes audacieux pourvus d'échelles pourront les dresser le long des murs et franchir une
escarpe de 10 mètres ; puisque l'histoire nous
fournit des exemples de l'escalade de murailles
plus élevées.

Mais dans le système polygonal, le flanquement
sera bien plus redoutable et plus assuré : les étages superposés y donneront un feu plus violent,
et en même temps plus rapide si les canons se
chargent par la culasse : les artilleurs, dont les lits
sont dressés près des pièces, sauteront à leurs
postes à la moindre alerte. Tous les points du
fossé seront balayés par la mitraille rasante de la
caponnière, qui tuera les assaillants et brisera les
échelles ; tandis que le tir du système bastionné
partant de très-haut, laisse au pied des flancs et
des courtines sans tenailles, de grands angles
morts dont on profitera pour préparer l'assaut, à
l'abri du danger.

Nous pensons donc, avec le major Brialmont,
que la puissante garantie qu'assure le flanquement du système polygonal, permet de réduire à
moitié la hauteur de l'escarpe ; d'où il résultera
une grande économie.

Néanmoins, le fossé de ce système étant plus
profond et plus étroit que celui du front bas-

tionné, il faudra rendre très-difficile, sinon impossible, le renversement de la contrescarpe par la mine : on obtiendra ce résultat, en donnant au revêtement de cette contrescarpe une très-grande épaisseur et le construisant en voûtes à décharge.

Le commandement du couvre-face général au-dessus de la campagne devra être faible, et n'excédera pas 3 mètres 50 à 4 mètres 50 ; et le commandement du glacis pourra être fixé à 1 mètre 50 : de cette manière, les batteries élevées de l'assiégeant ne pourront pas tirer aux embrasures des ouvrages par-dessus les sapes du couronnement, sans que ses propres travailleurs soient atteints.

M. Brialmont fait remarquer que ces hauteurs sont moindres que celles fixées par les autres ingénieurs ; mais ce qui distingue son tracé, c'est le commandement très-élevé donné au corps de place, et aux feux duquel les dehors ne pourront jamais nuire.

Dans tous les autres fronts, les dehors interceptent plus ou moins l'action du corps de place sur la campagne ; inconvénient tellement grave, que dans plus d'une circonstance on a cru devoir supprimer tous les dehors, le chemin couvert seul excepté.

Cette suppression est regrettable, surtout pour une place qui peut avoir à soutenir un siége en règle.

Comme le général Prévost de Vernois, M. Brialmont veut garnir d'artillerie les chemins couverts : un épaulement-glacis est indestructible. Le tir à barbette à 1 mètre 30 de hauteur est très-efficace contre les tranchées et les têtes de sapes.

Que l'on réserve donc les terre-pleins du corps de place et du couvre-face général aux grosses bouches à feu destinées à protéger la ville contre le bombardement ; et que l'on renonce à y faire pendant le siége des mouvements d'artillerie légère, en vue d'un service qui sera plus convenablement rempli par les pièces du glacis. L'idée de promener ainsi l'artillerie sur les remparts doit paraître inexécutable à ceux qui savent que chaque canon, quelque mobile qu'il soit, doit être suivi d'un poids considérable de munitions, sous peine de devenir inutile.

Nous venons d'indiquer très-sommairement d'après quels principes il faudrait construire les nouvelles enceintes ou portions d'enceintes que l'on aurait à entreprendre désormais ; toutefois, ces travaux doivent être considérés comme ex-

ceptionnels, vu le bon état de nos forteresses
bastionnées. Mais pour corriger la faiblesse qui
résulte de leur tracé vicieux, il est très-urgent,
si l'on veut en tirer un bon parti pour la défense
du territoire, d'entourer chacune d'elles d'une
ceinture de forts pouvant tenir l'ennemi à distance, et permettre de porter à temps des secours
à une place qui, sans ces ouvrages, risquerait
d'être détruite ou conquise en un moment.

ARTICLE II. — FORTS DÉTACHÉS.

Nous avons constaté que la supériorité assurée
à l'attaque par le système de Vauban et par l'emploi de la méthode hollandaise, avait conduit ce
grand homme à faire de sérieuses réflexions;
lorsqu'à la fin de sa vie, il eut le chagrin de voir
que la France allait être à son tour obligée de se
mettre sur la défensive.

Préoccupé de l'effet désastreux que pourrait
produire un bombardement sur Paris, il conçut
le projet d'environner cette capitale d'une double enceinte. Mais le système de l'enveloppe extérieure était vicieux, en ce qu'il exigeait un
nombre énorme de troupes pour sa garde ; et en
ce qu'étant forcé sur un seul point, il rendait

l'ennemi maître de tout le terrain compris entre
les deux enceintes. Une ceinture de forts détachés est bien préférable, chacun de ces ouvrages
pouvant être solidement occupé par de faibles
détachements et exigeant un siége pour être enlevé. En outre, si les forts sont à bonne distance
les uns des autres et des saillants de la place, et
si les points où ils sont établis ont été choisis
avec intelligence, toute la zone de terrain comprise entre les forts et la place sera soumise aux
feux de l'assiégé, et par conséquent interdite à
l'ennemi, tant que celui-ci n'aura pas conquis
plusieurs de ces forts. Le gouverneur profitant
de son droit exclusif de possession sur le terrain
des approches, pourra faire construire, en arrière
des forts et au milieu de leurs intervalles, autant
d'épaulements qu'il le jugera convenable pour y
mettre du canon. Avec un pareil système de défense, les grandes sorties deviennent plus praticables qu'autrefois, puisqu'elles sont soutenues
de tous côtés; et la position est même absolument inaccessible à l'assiégeant, si une armée
défensive manœuvre entre les forts et les remparts.

Quels sont les principes généraux qui doivent
présider à la fixation de l'emplacement des forts

détachés, et quels sont les meilleurs principes à suivre dans leur construction ? Nous nous contenterons d'attirer l'attention du lecteur sur ces questions, en l'engageant à les approfondir ; et nous reprenons l'hypothèse de forteresses régulières construites sur un terrain indéfiniment horizontal.

L'objet principal qu'ont à remplir les forts est de protéger la ville contre la chute des projectiles creux venant de loin. Si l'on regarde la longueur de 8,000 mètres comme représentant l'amplitude maximum de tir des bouches à feu, il faudrait établir la ceinture à 6,000 mètres des saillants ; car les parallèles ouvertes par l'assiégant contre les forts étant à 2,000 mètres au delà de ces forts, les plus puissants projectiles creux partant de ces parallèles ne dépasseraient pas les saillants de la place. Mais il faut remarquer à ce sujet :

1° Que les charges qui donnent lieu à ces grandes portées étant très-fortes, il en résulterait une grande consommation de poudre ; et l'ennemi préférera sans doute conserver la sienne pour des résultats plus décisifs ;

2° Que les bouches à feu de très-fortes dimensions sont tellement lourdes, ainsi que leur approvisionnement, que l'assiégeant voudra sans doute éviter les embarras qui résulteront de ces transports, et se contentera de traîner à sa suite des pièces et des projectiles de moindres calibres.

Ces raisons donnent lieu de croire qu'il suffira de construire les forts à 4 kilomètres des saillants. Les canons de place qui garnissent les remparts de l'enceinte et ceux des forts, pourront, à cette distance, croiser leurs feux sur toutes les parties de la zone comprise entre eux et la place; et les ouvrages détachés seront très-énergiquement soutenus, surtout par les batteries intermédiaires dont nous avons parlé.

Si l'on admet entre les forts la même distance de 4,000 mètres, on peut supposer que l'assiégé sera, dans ces conditions, suffisamment maître de toute la zone intérieure et que l'ennemi ne pourra pas y pénétrer.

Avec ces données, il nous est possible de connaître le nombre d'ouvrages à construire autour des enceintes de diverses grandeurs; et le tableau suivant présente les résultats de ce calcul.

*Tableau indiquant le nombre de forts nécessaires pour former les ceintures autour des places de diverses dimensions.*

| DÉSIGNATION DES ENCEINTES régulières. | Rayons des cercles circonscrits aux enceintes polygonales | | | Rayons des cercles tracés à 4 kilomètres des enceintes | | | Côtés des polygones réguliers inscrits dans ces derniers cercles représentant la distance entre les forts | | | Nombre de forts nécessaires pour constituer la ceinture | | |
|---|---|---|---|---|---|---|---|---|---|---|---|---|
| | | | | polygonales | | | front polygonal | | front bastionné | front polygonal | | front bastionné |
| | de 1000m de côté. | de 600m de côté. | de 360m de côté extérieur. bastionnées | de 1000m de côté. | de 600m de côté. | de 360m de côté extérieur bastionnées | de 1000m de côté. | de 600m de côté. | de 360m de côté extérieur. | de 1000m de côté. | de 600m de côté. | de 360m de côté extérieur. |
| | 2 | 3 | 4 | 5 | 6 | 7 | 8 | 9 | 10 | 11 | 12 | 13 |
| Carré. . . . . . | 707 | 424 | 255 | 4707 | 4424 | 4255 | 4078 Eptagone. | 4421 Eptagone. | 4255 Hexagone. | 7 | 6 | 6 |
| Pentagone. . . . | 831 | 510 | 306 | 4854 | 4510 | 4306 | 4203 Eptagone. | 4510 Eptagone. | 4306 Hexagone. | 7 | 6 | 6 |
| Hexagone. . . . | 1000 | 600 | 360 | 5000 | 4600 | 4360 | 4332 Eptagone. | 4600 Hexagone. | 4360 Hexagone. | 7 | 6 | 6 |
| Eptagone. . . . | 1151 | 694 | 414 | 5154 | 4694 | 4414 | 4462 Eptagone. | 4064 Hexagone. | 4414 Hexagone. | 7 | 7 | 6 |
| Octogone . . . . | 1306 | 784 | 470 | 5306 | 4784 | 4470 | 4046 Octogone. | 4144 Eptagone. | 4470 Hexagone. | 8 | 7 | 6 |
| Ennéagone. . . . | 1462 | 877 | 526 | 5462 | 4877 | 4526 | 4480 Octogone. | 4226 Eptagone. | 4526 Hexagone. | 8 | 7 | 6 |
| Décagone . . . . | 1618 | 971 | 586 | 5618 | 4971 | 4586 | 4293 Octogone. | 4306 Eptagone. | 4586 Hexagone. | 8 | 7 | 6 |
| Endécagone . . . | 1778 | 1069 | 641 | 5773 | 5069 | 4641 | 4422 Octogone. | 4392 Eptagone. | 4020 Eptagone. | 8 | 7 | 7 |
| Dodécagone . . . | 1932 | 1159 | 695 | 5932 | 5159 | 4695 | 4538 Octogone. | 4470 Eptagone. | 4068 Eptagone. | 8 | 7 | 7 |
| Pentédécagone . . | 2886 | 1443 | 866 | 6886 | 5443 | 4866 | 4256 Décagone. | 4165 Octogone. | 4216 Eptagone. | 10 | 8 | 7 |
| Icosagone . . . . | 3496 | 1948 | 1151 | 7496 | 5948 | 5151 | 4448 Décagone. | 4048 Ennéagone. | 4462 Eptagone. | 10 | 9 | 7 |

Les chiffres des colonnes 4, 7, 10 et 13 sont les seuls qui aient de l'intérêt pour la France, puisqu'ils se rapportent aux enceintes bastionnées. On voit donc qu'il ne sera généralement pas nécessaire de construire plus de 7 forts autour de l'une quelconque de nos places.

Si l'on jugeait que la distance de 4,000 mètres, que nous supposons exister entre la place et les forts, et d'un fort à l'autre, est trop considérable et qu'il convient de la réduire à 3 kilomètres, il n'y aurait évidemment rien à changer aux trois dernières colonnes du tableau, puisque ces lignes décroîtraient dans la même proportion. Il n'en serait plus ainsi, si l'on voulait que les forts placés à 4 kilomètres de l'enceinte ne fussent éloignés entre eux que de 3 kilomètres. Le tableau suivant calculé seulement pour le cas du tracé bastionné, donne l'augmentation de forts qui résulterait de cette hypothèse.

| DÉSIGNATION des ENCEINTES bastionnées. | RAYONS des cercles qui passent | | Côté des polygones inscrits dans ces cercles. | Nombre de forts entourant les enceintes. |
|---|---|---|---|---|
| | par les saillants. | à 4 kilom. des saillants. | | |
| Carré. . . . . . | 255 | 4255 | 3256 Octogone. | 8 |
| Pentagone. . . . | 306 | 4306 | 3294 Octogone. | 8 |
| Hexagone. . . . | 360 | 4360 | 3336 Octogone. | 8 |
| Eptagone. . . . | 414 | 4414 | 3378 Octogone. | 8 |
| Octogone . . . . | 470 | 4470 | 3420 Octogone. | 8 |
| Ennéagone . . . | 526 | 4526 | 3464 Octogone. | 8 |
| Décagone . . . | 586 | 4586 | 3540 Octogone. | 8 |
| Endécagone. . . | 644 | 4644 | 3474 Ennéagone. | 9 |
| Dodécagone. . . | 695 | 4695 | 3242 Ennéagone. | 9 |
| Pentédécagone. . | 866 | 4866 | 3328 Ennéagone. | 9 |
| Icosagone. . . . | 1151 | 5151 | 3524 Ennéagone. | 9 |

En admettant cette combinaison, la dépense sera plus forte dans le rappport de 4 à 3 ; mais aussi la zone serait mieux fermée. Toutefois, M. Brialmont remarque avec raison qu'il serait dangereux de trop rapprocher les forts les uns des autres ; car si l'un d'eux tombait au pouvoir de l'ennemi, il deviendrait difficile de défendre

les forts voisins, à cause du feu à petite portée
que le fort conquis dirigerait sur ces ouvrages.

Préserver les places du bombardement, telle
est à nos yeux la raison d'être de ces ceintures ;
c'est ce qui doit motiver la dépense de leur construction ; elles ont subsidiairement l'avantage
d'accroître la valeur des enceintes, en permet-
tant à une armée défensive de se mouvoir dans
d'excellentes positions autour des places menacées, et de prêter son concours très-efficace à
leur garnison.

M. le major Brialmont semble considérer cet
objet comme le principal : les forts paraissent
devoir être pour lui dans beaucoup de cas les
limites d'un camp retranché qu'il croit pouvoir
rapprocher ou éloigner des saillants, selon la
force de l'armée chargée de défendre le pays.
Est-elle faible, il réduit à 2,000 ou même à
1,500 mètres la profondeur du camp retranché.
Mais dans ce cas, il remplace les forts à enceintes
fermées par des lunettes dont la gorge est ouverte
du côté de la place, de manière à pouvoir être
soumise à ses feux. Il fait observer que tel est
l'entourage des places de Coblentz, Cologne,
Kœnigsberg, Peschiera, Lyon, Bologne et Plai-
sance.

Aujourd'hui que l'amplitude de tir des projectiles s'est considérablement augmentée, nous
sommes loin d'avoir une confiance absolue dans
ce système de défense; et nous craignons pour
les forteresses que l'on croit ainsi suffisamment
couvertes, le sort de la place de Schweidnitz, qui
fut prise par Vandamme en 1807 après huit
jours de tranchée ouverte et trois jours de feux
incendiaires, malgré la protection des magni-
fiques ouvrages de *Galgen-Fort*, *Jauernick-Fort*,
*Garten-Fort* et de leurs lunettes avancées. Mais
tous ces ouvrages construits avec tant de soins
par le roi de Prusse avaient le tort d'être trop
rapprochés de l'enceinte; en sorte que les bombes
qui écrasèrent la ville passaient par dessus la
tête de leurs défenseurs.

Faut-il admettre avec M. le major Brialmont,
qu'il y ait des places assez peu importantes pour
qu'on puisse négliger sur elles les effets du bombardement ? Mais si l'on juge que la bourgeoisie
ne vaut pas la peine d'être protégée, il faut songer aux soldats qui ne sont pas invulnérables aux
bombes ; et croire que dans tous les cas la chute
d'un grand nombre de projectiles creux produira
sur la troupe un effet moral très-sensible et con-
tribuera à affaiblir la résistance.

L'objet des ceintures de forts détachés nous étant parfaitement connu, nous pouvons maintenant examiner quelle sera la forme donnée à l'un de ces forts.

Supposons qu'une circonférence soit tracée sur le terrain, à 4,000 mètres des saillants. Prenons un point de cette courbe, qui devra se trouver sur la ligne milieu du fort : si l'on mène un rayon par ce point, le prolongement du rayon au dehors de la circonférence sera l'axe de la caponnière du front de tête faisant face à l'ennemi. Une tangente au cercle par le point donné sera la direction du côté du front, dont la longueur sera proportionnée à l'importance du rôle que le fort pourra jouer dans la défense.

Le front de tête est le seul dont l'assiégeant puisse s'approcher, sans être soumis aux feux croisés de la place et des forts. Ce sera sans doute par ce front que le fort devra être attaqué de vive force.

A chacune de ses extrémités, un front polygonal de moindre longueur sera dirigé dans le sens perpendiculaire à la courbe ; enfin un quatrième front, parallèle au premier, fermera le fort du côté de la place. Le fort aura donc la forme d'un trapèze.

Ces ouvrages doivent constituer de petites forteresses, pouvant se défendre isolément contre une attaque de vive force et même contre un siége en règle. En France, où les garnisons sont nécessairement faibles, à cause du grand nombre de places fortes que possède le pays, on doit supposer que ces ouvrages peuvent être coupés de l'enceinte principale ; ils devront donc posséder, dans un réduit attenant au côté intérieur, des magasins de vivres et de munitions.

Si l'ennemi veut essayer de prendre un de ces forts de vive force, il commencera par diriger le feu de toute son artillerie sur le front de tête, en s'attachant particulièrement à ruiner les flancs, pour donner des chances de succès à l'escalade des remparts. Les caponnières auront donc de rudes épreuves à subir ; et leurs murs de masque risqueront même d'être détruits par les projectiles, puisque nous savons que le tir oblique peut ouvrir une brèche.

On comprend cependant combien il serait avantageux de conserver ces flancs intacts jusqu'au moment où ils seront appelés à être utiles, c'est-à-dire jusqu'au passage du fossé.

Le vieux Erard de Bar-le-Duc, que l'on appelle *le père de la fortification française*, avait cherché à mettre ses flancs à l'abri, par un procédé qui trouverait peut-être une application dans le cas actuel, et qui consisterait à donner une direction oblique aux flancs de la caponnière, de manière à leur faire faire un angle aigu avec la partie du côté qui leur est adjacente et qu'ils doivent protéger. Alors, pour pouvoir nuire à ces flancs, les batteries du siége seraient forcées de se placer dans une direction plus inclinée par rapport au côté, et tomberaient ainsi sous le feu des forts collatéraux.

La caponnière prendrait alors la forme d'un losange. Il faudrait sans doute que les inconvénients de cette disposition fussent très-graves, pour porter à renoncer à une mesure préservatrice des flancs. Il serait bien entendu que dans cette hypothèse, les axes des embrasures de la caponnière resteraient parallèles au côté que les bouches à feu doivent flanquer.

La direction des fronts latéraux les soumet au tir d'enfilade de l'assiégeant. On pourrait donc les considérer comme les parties les plus faibles, si, dans leur construction on ne suivait les idées de Choumara, en brisant les parapets, comme le conseille M. Brialmont, et logeant en casemates le plus de pièces que l'on pourra.

Enfin, sous le quatrième front, on pourrait établir à l'avance un dispositif de mines destiné à faire sauter ce front, dès que l'ennemi se serait rendu maître du fort. Alors l'intérieur battu par l'artillerie de la place et par celle des épaulements intermédiaires, serait difficilement tenable ; et il faudrait du temps au vainqueur pour se mettre à l'abri de ces coups.

Pour tous les autres détails relatifs aux forts détachés, nous ne pouvons que renvoyer nos lecteurs à l'*Étude sur la défense des États par la fortification.*

Quoique la construction du système polygonal soit plus économique que celle du système bastionné, nous évaluerons à 500,000 francs le prix moyen de construction d'un fort, que nous supposerons éloigné de 3 kilomètres des autres ouvrages faisant partie de la même ceinture. Il y aura alors 8 forts à construire autour des places ; ce qui fera pour chacune, 4 millions de travaux à exécuter, non compris l'achat du matériel de défense.

Nous pensons qu'il n'y a pas en France plus de 70 forteresses dont les défenses doivent être ainsi renforcées : ce travail entraînerait donc une dépense de 280 millions, qui deviendrait inutile, si l'on ne se procurait pas en même temps les ressources en bouches à feu et projectiles nécessaires pour armer et défendre énergiquement les forts détachés.

Si le corps du génie français, s'associant dans le temps au mouvement d'idées en vertu duquel nos voisins se sont décidés à fortifier leurs nouvelles places par le système polygonal, eût voulu reconnaître franchement l'impuissance dans laquelle est tombé le vieux système à bastions, devant l'énergie toujours croissante des attaques et devant les progrès récents de l'artillerie; et s'il eût signalé au Gouvernement cette cause de faiblesse de nos frontières, il y a longtemps que la dépense dont nous venons de reconnaître la nécessité, eût été faite, sans aucune gêne sensible pour les contribuables, puisqu'elle eût pu se répartir sur plus de quarante exercices.

Néanmoins, tant que la paix subsiste, il n'est jamais trop tard pour mettre une idée conservatrice à exécution. Nous croyons donc qu'un souverain qui a confiance dans la durée de sa dynastie, doit prudemment songer à l'avenir; en affectant, comme le roi de Prusse, une partie de ses épargnes à l'amélioration de ses forteresses, et ne manquant pas de disposer dans ce but des économies qu'il aura pu réaliser sur les guerres qu'il aura entreprises.

Mais là ne doivent pas encore se borner les dépenses à faire pour s'assurer la conservation des places fortes et les garantir contre toute surprise ; il faut encore créer des citadelles dans toutes les grandes villes où il n'en existe pas.

### CITADELLES.

Nous sommes trop profondément convaincu que nos forteresses ne seront jamais assiégées sans bombardement, pour ne pas nous préoccuper de les prémunir, non-seulement contre les attaques extérieures, mais aussi contre les causes intérieures qui peuvent en accélérer la chute, et sur lesquelles nous avons particulièrement insisté dans cet ouvrage.

Par les dispositions sévères de la loi du 20 juillet 1792, le Gouvernement a pris ses sûretés contre la faiblesse des gouverneurs et de la population des places fortes, en prononçant les peines les plus sévères contre eux, dans le cas où ils ont manqué de patience et où ils n'ont pas

accompli jusqu'au bout leurs devoirs envers la
patrie.

Il semblerait juste que pour venir en aide aux
habitants et pour adoucir ce que cette loi présente de rigoureux, l'État prît quelques mesures dans le genre de celles que nous allons exposer, et qui réunissent le double avantage d'être
humaines et politiques.

Toute place forte étant en communication directe avec une ligne de chemin de fer, il conviendrait, avant la proclamation de l'état de siége,
que des convois spéciaux en nombre suffisant
fussent mis à la disposition du gouverneur, pour
le transport gratuit à l'intérieur du pays, de tous
les habitants dont la présence serait jugée dangereuse ou seulement inutile pendant la durée
du siége.

Parmi les habitants qui ne peuvent rendre de
services, on ne conserverait que *ceux qui se seraient approvisionnés de vivres pour trois mois*. Le
reste des hommes de bonne volonté serait nourri
par le Gouvernement.

Ainsi réduite, la population donnerait bien
moins de sujets de crainte ; et ce que l'on en a

gardé pourrait même partager les fatigues de la garnison.

L'expérience prouve qu'en cas de bombardement, il ne faut pas compter sur l'assistance des habitants pour contribuer à la défense. Si le bourgeois aime son pays, il aime au moins autant sa famille, ses propriétés, tout ce qui contribue à soutenir et embellir son existence : il faut reconnaître qu'il lui sera bien pénible de sacrifier ou d'exposer tous ces objets, sa vie même, pour la conservation de sa nationalité. C'est donc une bien terrible épreuve que celle d'un fléau qui va tout détruire, et dont les effets ne sauraient être arrêtés que par la capitulation immédiate de la place. De quelle dose d'énergie chaque citoyen ne doit-il pas être animé, pour ne pas céder en pareilles circonstances aux inspirations du désespoir !

L'État ne peut rendre un père, un enfant, aux personnes qui ont eu la douleur de voir périr violemment pendant le siége ces objets de leur affection ; mais du moins il dépend de lui d'atténuer, d'annuler même les dommages matériels, en rendant aux malheureux qui ont tout perdu, la valeur de leurs propriétés consumées. Les compagnies d'assurances ne peuvent répondre des in-

cendies occasionnés par le feu de l'ennemi : leur
action tutélaire cesse en même temps que la paix.
Ne serait-il pas convenable que le Gouvernement
se substituât à ces compagnies dès qu'une ville
est mise en état de siége; et que les maisons
écrasées ou brûlées par les projectiles fussent
considérées comme propriétés détruites pour
cause d'utilité publique?

Poursuivant dans cette voie son action répa-
ratrice, l'Etat pourrait assurer à l'avance la vie
des citoyens, de manière à adoucir la misère qui
peut tomber sur toute une famille par suite de
la mort de son chef, de son seul soutien.

Mais en accordant un pareil droit aux habitants des places fortes, la loi devrait en stipuler
la déchéance, à la moindre tentative pour forcer
la capitulation.

Ce serait le moyen le plus sûr de nuire au
succès des bombardements. Dès le commencement du siége, cette loi serait publiée à son de
trompe et placardée sur les murailles; et plus
tard, si le soldat était commandé de service pour
éteindre des incendies, il travaillerait du moins
au profit du trésor.

Dans les moments de crise, on oublie quel-

quefois les menaces prononcées contre la bourgeoisie qui s'insurge : la perspective d'une mort
future perd beaucoup de sa force en présence d'un
danger de mort immédiate. Quinze jours après
la promulgation de la loi, Longwy capitulait à la
suite d'une émeute ; Verdun l'imitait immédiatement, et Valenciennes, quelques mois plus
tard, suivait ce triste exemple. Il est donc permis de croire qu'il y a des circonstances où cet
appel à l'honneur est insuffisant.

La proposition de faire assurer par l'Etat
toutes les maisons d'une ville assiégée s'adresse
spécialement aux propriétaires. En donnant à
cette classe de citoyens la certitude que le gouvernement, s'il est vainqueur, l'indemnisera de
toutes ses pertes, on lui enlève sa principale
cause d'irritation ; et on l'encourage à repousser
de toute sa force un ennemi qui, s'il devient
maître du pays, ne tiendra sans doute pas à remplir les engagements du gouvernement qui l'aura
précédé, et débutera même, suivant toutes les
apparences, par frapper la ville conquise d'une
très-lourde contribution.

« On observe, dit d'Arçon au sujet des atta-
« ques incendiaires, qu'en jetant les yeux sur
« toutes les villes qui ont éprouvé ces malheurs

« pendant les guerres de la Révolution, on ne
« laisse pas de les trouver encore très-floris-
« santes. Nous citerons les bombardements de
« Lille, Thionville, Landau et d'autres encore ;
« peu de temps après et tout était réparé. Les
« indemnités nationales ont effacé ces malheurs
« du moment ; et les citoyens, loin de s'en plain-
« dre, s'enorgueillissent de leurs pertes et de
« leurs dangers. »

Ainsi, bien longtemps avant que les constitutions eussent déclaré que nul ne serait dépossédé
sans indemnité, la justice du gouvernement accordait des dédommagements aux habitants des
places fortes dont la conduite était restée ferme
jusqu'au bout. Garantir à l'avance, comme nous
le demandons, de larges restitutions aux bourgeois des villes assiégées, serait un acte de bonne
politique dont le pays profiterait, par les efforts
que feraient ces citoyens pour seconder les gouverneurs dans leur résistance, et retarder autant
que possible l'instant où l'ennemi deviendra
maître de ces importantes positions, dont la conservation assure le maintien de l'intégrité du territoire national.

Mais ces précautions nous semblent encore
insuffisantes : en échange des beaux priviléges

concédés à la population d'être préservée des
malheurs de l'invasion par ses remparts et d'être
indemnisée de toutes ses pertes en cas de siége,
on ne saurait contester à l'Etat le droit de prendre lui-même ses garanties contre un moment
de faiblesse dont les suites pourraient être si re-
grettables. Il doit faire construire dans chaque
place une bonne citadelle destinée à protéger le
gouverneur contre l'aveugle fureur des masses,
à retarder ou empêcher la capitulation, et en
même temps à présenter de plus grands obstacles à l'assiégeant. En cela nous sommes heureux
de pouvoir nous appuyer de l'autorité de Vauban, qui ne croit pas la sécurité intérieure de
Paris complète sans des précautions de cette nature.

« Et parce qu'une ville, de la grandeur de
« Paris, fortifiée de cette façon, pourra devenir
« formidable même à son maître, s'il n'y était
« pourvu ; deux citadelles à cinq bastions cha-
« cune seraient construites dans la deuxième
« enceinte, savoir : l'une sur le bord de l'en-
« ceinte au-dessus de la ville, l'autre au-dessous
« dans l'endroit le plus propre ; l'une tenant au
« bord de la rivière d'un côté et l'autre de l'au-
« tre ; toutes deux très-bien revêtues et accompa-

« gnées de tous les dehors convenables, comme
« aussi de tous les magasins, arsenaux, souter-
« rains et autres bâtiments nécessaires ; on pour-
« rait même ajouter un réduit ou deux dans les
« endroits de la même enceinte les plus éloignés
« de la citadelle, s'il était besoin ; ces places
« bâties à profit et splendidement, sans rien
« épargner qui fît tort à leur solidité ; par la
« suite bien garnies de canon, d'une douzaine
« ou deux de mortiers chacune et de 14 à 15,000
« bombes, avec toutes les poudres et munitions
« nécessaires, il ne faudrait pas croire que Paris
« se portât jamais à rien qui pût blesser son de-
« voir (1). »

La question de consolider le gouvernement au

(1) Après les troubles de la Ligue et de la Fronde, le besoin de renforcer le pouvoir royal se présentait à beaucoup d'esprits comme une nécessité indispensable. L'intérêt que Louis XIV, dans sa jeunesse, inspirait à ses sujets, portait les plus dévoués à rêver aux moyens de donner la plus grande extension possible à son autorité. Aussi ne doit-on pas être surpris de trouver ce projet de citadelles formulé bien avant le grand ingénieur.

Voici comment s'exprimait, en 1657, — Vauban n'avait alors que 24 ans, — le chroniqueur Tallemant des Réaux sur le duc de Montausier, homme remarquable par sa brusquerie, son originalité, et que l'on prétend avoir servi de modèle au *Misanthrope*.

« M. de Montausier est un homme tout d'une pièce : M^{me} de Ram-
« bouillet dit qu'il est fou à force d'être sage. Il crie, il est rude, il rompt
« en visière ; et s'il gronde quelqu'un, il lui remet devant les yeux toutes
« ses iniquités passées. Jamais homme n'a tant servi à me guérir de l'envie
« de disputer. Il voulait que l'on fît deux citadelles à Paris, une en haut
« et une en bas de la rivière ; et disait qu'un roi, pourvu qu'il en use bien,
« ne saurait être trop absolu. — Comme si ce *pourvu* était infaillible ! »

moyen de plusieurs *casbahs* édifiées dans la capitale exciterait sans doute bien des tempêtes.
Nous n'entendons pas ici la soulever. Mais la
construction d'une citadelle dans celles de nos
forteresses qui en sont dépourvues, ne saurait
provoquer d'opposition sérieuse de la part de
ceux qui tiennent à voir la France se maintenir
au rang des nations les plus puissantes de l'Europe.

# CHAPITRE II.

## DE L'ENSEIGNEMENT DE LA FORTIFICATION.

Le rôle du canon est magnifique sur les champs de bataille : c'est cette arme terrible qui frappe les grands coups et décide de la victoire. Aussi, doit-on reconnaître que le commandement des batteries qui doivent prendre part à un combat est une des plus belles occasions de gloire que la fortune puisse offrir à ses favoris.

Confident de la pensée de son général en chef, l'officier supérieur à qui cette mission est confiée déploie toute son énergie pour en assurer la complète exécution ; et grâce au courage des troupes qui le secondent, il devient le principal agent du succès. L'histoire moderne nous offre le mémorable exemple d'un général d'artillerie qui, livré à son libre arbitre au plus fort de la mêlée, sut tirer le plus beau parti de la circonstance. D'un coup d'œil il a reconnu le point où doivent converger ses efforts ; il y réunit ses batteries ; une grêle de projectiles détruit tout ce qui l'entoure, et le succès momentané de l'ennemi est changé en une déroute complète.

Ici nous rappelons la brillante conduite du gé-

néral commandant l'artillerie à la bataille de
Friedland, où il agissait sous les yeux de l'Empereur :

« Le succès de cette bataille, dit le lieutenant
« Favé, fut dû à l'inspiration du général Sénar-
« mont ; et l'on ne saurait citer un exemple plus
« glorieux pour l'artillerie. Trente pièces de ca-
« non firent ce que les vingt mille hommes de
« Ney et la division Dupont n'avaient pu faire,
« et ce que les trois autres divisions du général
« Victor n'auraient peut-être pas fait.

« C'est la première fois que l'on voit l'artil-
« lerie combattre d'une manière aussi indépen-
« dante des autres armes : ici elle se suffit à elle-
« même. Si la conception du général Sénarmont
« est belle, c'est l'exécution surtout qui est re-
« marquable. Courage, coup d'œil, rapidité,
« sang-froid, il développe toutes les qualités.

« Désormais dans presque toutes les affaires,
« l'artillerie combat et se meut par masses pour
« produire de grands résultats. »

On conçoit que la beauté d'un pareil rôle
puisse enflammer les imaginations : chaque canonnier prend part à l'action et au succès ; il
n'est point nécessaire d'être commandant en

chef pour aimer les périls et la gloire du champ
de bataille.

Cette brillante artillerie si fière de ses exploits
en pleine campagne, nous allons la voir maintenant dans ses rapports avec le service du génie
pour tout ce qui concerne la fortification, l'attaque et la défense des places.

Montalembert au XVIII° siècle et plus tard
Napoléon, Bousmard et Rogniat ont reconnu la
puissance de l'artillerie dans la guerre des
siéges. De pareilles autorités valent bien celles
de Cormontaingne et de Fourcroy, qui voulant
rester maîtres chez eux, ont cherché à repousser
l'assistance des bouches à feu pour défendre
leurs forteresses. Convaincu que c'est du canon
qu'elles tirent leur principale force , Montalembert faisait l'observation suivante :

« Si la défense des places dépend principale-
« ment des effets de l'artillerie, par quelle fatale
« bizarrerie n'est-ce pas à ceux chargés de pro-
« duire ces effets à disposer leurs remparts de
« la manière qui y conviendrait le mieux ? »

Telle est la conséquence très-logique que dé-
duit cet auteur, de l'action dominante des bouches à feu dans les siéges. Cette pensée est pro-

fondément vraie : il y a connexion intime entre
l'art de construire les forteresses et l'art de les
défendre.

Les moyens employés pour donner artificiel-
lement de la force à une position, sont en effet
de deux espèces tout à fait distinctes et concou-
rant au même but, savoir : *la fortification immobilière* qui adhère au sol, et *la fortification mobi-
lière* qui en est indépendante.

La première se compose des remparts, des
escarpes, fossés, dehors, ouvrages avancés, etc.:
la conception et l'exécution de ces travaux en
France dépendent exclusivement du service du
génie.

La seconde comprend la fabrication, l'achat
et le service de toutes les armes et munitions
destinées à repousser l'assiégeant. Ces choses re-
lèvent à peu près en entier de l'artillerie, dont
les engins atteignent l'ennemi à toutes distances.

Une enceinte absolument privée de canons et
de fusils, ne présenterait qu'un obstacle inerte
et serait promptement escaladée : la fortification
immobilière est impuissante par elle-même.

Un corps de troupes abandonné à ses propres
forces en rase campagne est susceptible d'un

certain degré de résistance, qui sera bien certainement augmenté, si ce corps s'entoure de retranchements.

L'*élément immobilier* et l'*élément mobilier* con-
courent donc tous deux à la fortification : il y a
une combinaison de ces éléments qui procure le
maximum de puissance défensive ; et c'est le but
que l'on doit toujours chercher à atteindre.

Voilà les vrais principes. Ce maximum de résistance n'est pas produit, autant qu'on le croit,
par la prédominance de l'élément immobilier.
Ainsi, par exemple, une enceinte à la Cormontaingne entourée d'un terrain aussi mauvais
qu'on puisse le supposer, ne résistera jamais
aussi longtemps que les retranchements impro-
visés de Sébastopol, faibles en eux-mêmes, mais
protégés par une puissante artillerie. Ces remparts armés à la française n'eussent pu soutenir
notre attaque.

S'il s'agit de créer une nouvelle place, S étant
la somme que le gouvernement y veut affecter,
cette somme se décompose en deux parties, dont
l'une F représente les dépenses relatives à la
construction des remparts, et l'autre A est la valeur du matériel qui les garnit ; en sorte que l'on
a $S = F + A$. Il devrait exister une entente par-

faite entre les deux corps, pour se partager la somme S de manière à en obtenir les meilleurs résultats pour la défense.

Cette division étant supposée faite, le bon sens indique que le service de l'artillerie, dont la spécialité consiste à connaître parfaitement les effets produits par tous les engins de guerre qu'il emploie, doit être consulté sur la manière dont on doit disposer de F. Sans le concours de ce service, on ne peut pas avoir la certitude que les canons seront en assez grand nombre sur les remparts et qu'ils y seront établis dans de bonnes conditions de conservation. Or, de la durée de leurs effets dépend en grande partie le succès de la résistance. D'ailleurs, en thèse générale, un art a beaucoup plus de chances de faire des progrès lorsque ses procédés sont soumis au contrôle de deux séries d'observateurs éclairés, que quand cet art est monopolisé par un seul service. Montalembert avait donc parfaitement raison de réclamer le concours de l'artillerie dans la construction des places ; et c'est sans doute pour que les lumières ne manquassent à personne en pareil cas, qu'une pensée auguste et prévoyante a voulu que l'instruction fût commune à l'artillerie et au génie.

Mais on eût dû changer en même temps les
principes qui règlent les attributions des deux
corps, et c'est malheureusement ce que l'on a
oublié de faire ; en sorte que les choses se pas-
sent de la manière suivante, quand il s'agit de
construire une forteresse.

Le service du génie, chargé en France de tout
ce qui concerne la partie immobilière de la fortification, étudie seul le terrain, établit son projet
conformément au système bastionné : ce travail
détermine naturellement le nombre et l'emplacement des bouches à feu qui doivent prendre
place sur les remparts. Le projet d'enceinte est
alors soumis au comité des fortifications, qui
après l'avoir examiné, le fait revêtir de l'appro-
bation ministérielle. Ensuite, les officiers du
génie procèdent à l'exécution ; et lorsque tout est
construit jusqu'au dernier corps de garde, le
commandant de l'artillerie de la place est appelé
pour la première fois en conférence par le chef
du génie, à l'effet de déterminer la position de
chaque pièce sur le pourtour de l'enceinte et d'en
conclure le chiffre total de l'armement, bien
connu du dernier. Or, ce travail est purement
mécanique ; puisque les faces et les flancs existent déjà, et qu'un dessin officiel émanant du mi-

nistère a fixé d'avance la longueur de chaque
travée et les dimensions des traverses qui les séparent. C'est donc la même ouverture de compas
qu'il s'agit de porter plusieurs fois sur une ligne.
Il ne faut pas un grand effort d'intelligence pour
y arriver ; et quand il s'agit de traiter une affaire
aussi compliquée, il semble que l'on pourrait
bien se passer du concours de l'artillerie, puisque l'on a jugé bon de s'en priver dans des
choses bien plus essentielles.

Tel est le modeste rôle que l'on fait jouer à ce
corps dans la fortification. Tout y a été réglé, sans
doute, de manière à éviter les discussions, mais
non à ménager l'amour-propre de ceux qui de-
viendront les principaux acteurs quand il s'agira
de défendre la place. L'auteur de cet ouvrage a
longtemps servi dans les directions d'artillerie :
il se plaît à rendre à ses anciens collègues du génie la justice de reconnaître que, dans toutes les
circonstances où se sont entamées ces relations
qui diffèrent tant de ce qu'elles devraient être, il
a toujours vu ces ingénieurs, avec tout le tact et
toute la bienveillance imaginables, s'efforcer
d'adoucir ce qu'a de subalterne le rôle que des
règlements surannés font jouer à des hommes
dont le service est si beau sur un autre théâtre.

Mais que prouve ce fait qui se reproduit fréquemment, si ce n'est que les hommes nouveaux rapprochés par leur éducation commune, valent beaucoup mieux que les vieilles institutions?

On comprend que l'attitude imposée à l'artillerie dans ces conférences, ne doit pas contribuer à développer dans ce corps un intérêt très–prononcé pour les questions relatives à la fortification. Il semble du reste que l'on ait voulu en éloigner de bonne heure les officiers, par la manière dont cet art est enseigné à l'école de Metz. Le général Prévost de Vernois reconnaît, comme nous, qu'on leur y fausse les idées.

Montalembert s'appuyait sur le bon sens quand il critiquait le croisement de feux qui existe en avant de la courtine des fronts bastionnés, et qu'il en déduisait de nombreuses conséquences très-défavorables à ce système. En effet, du raccourcissement que l'on impose ainsi au côté extérieur résultent : l'accroissement du nombre de points d'attaque, la diminution de l'espace affecté aux canons sur le rempart, la prompte destruction de ces bouches à feu placées le long de faces et de flancs éminemment ricochables ; puis, devant chaque angle obtus de l'enceinte, la création d'un ouvrage resserré et se terminant en pointe, nommé *bastion*, sur lequel se concentrent les feux de l'attaque, et qui devient, ainsi.que nous l'avons fait remarquer, le point douloureux de la défense, à cause des pertes énormes que subit la garnison dans cet étroit espace, jusqu'au dernier moment du siége.

Ces défauts et bien d'autres, qui ont fait rejeter ce système à l'étranger, continuent néanmoins à trouver grâce aux yeux de nos ingénieurs militaires; et le front moderne sert de base à l'enseignement de la fortification dans nos écoles.

Nous rappellerons d'abord que les élèves d'artillerie et du génie qui viennent compléter leur instruction à Metz, sortent de l'École polytechnique, où des professeurs d'un grand mérite les ont initiés à la connaissance des sciences exactes et de celles qui sont basées sur l'observation. Il est impossible de ne pas ajouter une foi illimitée à la parole toujours vraie, toujours infaillible de ces illustres maîtres. Les jeunes gens qui ont suivi ces cours, oseraient-ils supposer, après leur arrivée à l'école d'application, que des doctrines qui leur y sont enseignées sous les auspices des sommités du génie militaire, ne présentent pas le même degré de certitude? La jeunesse est l'âge de la confiance : aucune réserve n'est faite

dans l'esprit de ces élèves, surtout de ceux du génie, en vue desquels le cours de fortification a été
spécialement rédigé, et qui accueillent les principes de leurs professeurs comme des vérités de
premier ordre : de là des convictions erronées
qui se conservent toute la vie, ou du moins tant
que l'on n'a pas eu l'idée de les soumettre au
contrôle de l'histoire.

On leur présente donc le système bastionné
comme préférable à tous les autres, dont on ne
leur parle point; et pour unique moyen d'attaque,
on leur enseigne la méthode des siéges réguliers,
bien naturellement préférée par le service du
génie, puisqu'il y prend la haute direction du
travail et s'y fait assister par l'artillerie et par
l'infanterie.

Jamais rien ne fut plus uniforme que ce mode
de réduction sur lequel on possède une foule de
journaux de siége et dont on a pu régler toutes
les phases successives. Si d'un bout à l'autre de
l'attaque, l'officier d'artillerie est chargé de
construire et d'armer ses batteries, ces ouvrages
s'exécutent en des positions tellement déterminées sur le terrain, que la part du libre arbitre
est ici tout à fait nulle, comme quand il s'agit de
la fixation de l'armement d'une place déjà termi-

née. Il est expressément défendu à cet officier, au
nom de Vauban, de diriger ses projectiles ailleurs
que sur les ouvrages, afin de ne pas troubler la
marche méthodique du siége : on ne doit jamais
tirer aux maisons, quand même la capitulation
devrait suivre immédiatement la chute de la première bombe, comme à Gorkum en 1787. Il faut
laisser des procédés semblables à l'ennemi ; ménager ses habitants, malgré les coups qu'ils nous
tirent, et surtout dissimuler aux officiers d'artillerie l'efficacité des bombardements.

Nous reconnaissons que dans le cours d'un
siége, la destination à donner au feu des batteries ne doit pas dépendre de la volonté de ceux
qui les ont construites, et qui ne doivent agir que
d'après des ordres supérieurs ; mais il est facile
de comprendre que si les chefs de l'artillerie se
sont laissés convaincre eux-mêmes par les professeurs de Metz que le tir aux ouvrages est le
seul bon, le seul efficace, il n'y a pas de raison
pour que le siége ne suive pas toujours son al-
lure régulière ; entraînant par sa lenteur des
pertes immenses en hommes et en argent, et laissant à l'ennemi tout le temps nécessaire pour ex-
pédier par les voies ferrées une ou plusieurs armées au secours de la place.

Si le rôle de l'artillerie dans la guerre des siéges était en toutes circonstances réduit aux humbles proportions que lui assigne le génie dans le cours de Metz, nous nous sentirions porté à croire qu'il vaudrait mieux abandonner à ce service, les grosses bouches à feu; vu le peu d'importance de leur action et le peu de liberté qui est laissé aux officiers d'artillerie dans l'usage qu'ils peuvent en faire.

Mais telle n'est point la marche de cette guerre. Lorsque Napoléon disait que *les siéges n'étaient que des combats d'artillerie*, il voulait faire comprendre que dans l'état où se trouvait l'art de la fortification à son époque, le sort des places se décidait à coups de canon; c'est-à-dire que la crise avait lieu pendant que l'assiégeant était encore sur la *zone de l'artillerie*, et avant que le service du génie eût pu sérieusement intervenir dans la lutte.

Telle est la marche qui sera toujours suivie désormais dans l'attaque des places. On commencera par sonder le terrain, en dirigeant sur la ville une masse de projectiles creux et en faisant des préparatifs d'escalade. Ce n'est qu'après l'insuccès complet de ces tentatives, que l'on en viendra au siége en règle qui ne sera qu'un *pis aller* ; nous avons déjà fait remarquer que les premières démonstrations faites contre les places ne seront jamais sans objet, et qu'elles contribueront à affaiblir la défense.

Si la forteresse que l'on attaque n'a pas de bourgeoisie, si les soldats qui la défendent sont préservés des bombes par de bons abris, le siége régulier pourra être poussé très-loin. Aussi ne saurions-nous trouver mauvais que l'on enseigne ce procédé avec tous ses détails : ce que nous critiquons, c'est le silence gardé, en présence des élèves d'artillerie, sur les modes d'attaque qui intéressent spécialement leur service , et qui leur donneraient du goût pour l'étude de ces matières, en leur prouvant que le canon est tout aussi puissant dans les siéges que partout ailleurs.

Il faut se rappeler que l'origine du cours centenaire enseigné à Metz, remonte à une époque d'erreurs où il était admis que les balles étaient préférables aux boulets pour défendre les places: aujourd'hui personne n'oserait soutenir ce paradoxe; et l'on comprendrait le peu de valeur d'un système de défense basé sur un pareil principe.

En réfléchissant au sens dans lequel est dirigée l'instruction des élèves de Metz, nous nous

expliquons difficilement pourquoi le service de
l'artillerie qui est intéressé à voir ses officiers
convenablement instruits, n'est pas représenté
par quelques-uns de ses généraux dans cette
haute commission d'ingénieurs habiles, chargés
de la rédaction du programme des cours et du
maintien des bonnes doctrines. Perdant ainsi
son caractère exclusif, cet enseignement acquerrait de la valeur en se complétant, et signalant à
tous les auditeurs la puissance de l'artillerie dans
la guerre des siéges. C'est parce qu'ils ont craint
les effets de cet agent terrible, que les étrangers
ont abandonné les bastions en faveur du tracé
polygonal.

Jamais réforme ne fut mieux motivée que celle
que nous réclamons dans l'enseignement.

En effet, quel est le système de fortification
que les officiers du génie et de l'artillerie appren-
nent à assiéger pendant leur séjour à l'école de
Metz? C'est le front moderne, la fortification
bastionnée, système d'après lequel sont construites toutes les places françaises; tandis que,
chose difficile à croire ! on laisse complétement
ignorer à ces jeunes gens les principes qui ont
servi de base à la construction des forteresses
étrangères dont nous sommes entourés; et que

l'enseignement garde un silence absolu sur les procédés à employer par nous pour attaquer ces forteresses; procédés auxquels, d'après l'opinion de Carnot, les siéges fictifs ne sont point applicables; procédés qui n'ont aucune analogie avec le siége régulier du système français, et dans la pratique desquels le service de l'artillerie doit reconquérir son indépendance.

# CHAPITRE III.

Dans le cours de cet ouvrage, nous nous sommes spécialement occupé de celle des branches du service de l'artillerie qui est la plus compliquée, la plus étendue, la plus variée, celle qui exige le plus d'intelligence de la part de ceux qui sont appelés à la diriger; c'est-à-dire le rôle de cette arme dans l'attaque et la défense des places. La part que lui assignent d'antiques règlements nous a paru trop faible; et l'art de la balistique ayant fait d'incontestables progrès, il nous a paru très-désirable que l'on fît disparaître certaines dispositions, dont l'origine remonte à une époque où la valeur intellectuelle de l'officier d'artillerie était jugée bien inférieure à celle de l'officier du génie; ce qui n'est plus admissible maintenant, puisque l'un et l'autre sont instruits à la même école.

Il ne faut pas croire que l'auteur se soit ici laissé égarer par un sentiment de prédilection pour un service qui fut le sien : l'intérêt de l'État et l'amour de la vérité sont ses seuls mobiles. Il n'a fait que reproduire les arguments présentés

il y a cent ans par un homme parfaitement désin-
téressé dans toutes ces questions, puisqu'il était
officier de cavalerie. Montalembert, regrettant
de voir l'art de la fortification se fourvoyer en
France, entreprit de le rappeler aux vrais principes. Mais ses efforts furent vains : les projets
qu'il présenta sont encore repoussés comme
absurdes. Il eut le sort de bien des novateurs
dans son pays, et fut même moins favorisé que
les autres; puisque un siècle après l'époque où
il écrivait, la France, malgré la justice que toute
l'Europe rend aux conceptions de ce grand
homme, n'a pas encore su l'apprécier à sa haute
valeur.

Avec Montalembert, nous avons signalé la
puissance du canon dans toutes les circonstances
de la guerre, surtout dans les siéges, où sa force
destructive et terrifiante produit des effets si
remarquables.

Les personnes qui aiment à rattacher les
effets aux causes, comprennent à merveille que
dans la vie de Napoléon Ier, il est certains faits
glorieux qui n'eussent pu s'accomplir, si le jeune
Bonaparte n'avait pas été officier d'artillerie.

A son arrivée devant Toulon, si, par exemple;
il eût ignoré l'impression de frayeur produite

par les bombes et les boulets rouges sur une
escadre ennemie, il n'eût jamais supposé que l'on
réussirait à faire lever l'ancre à cette flotte par la
prise d'un fort situé à deux lieues de la place.
S'il n'eût pas reconnu l'importance du *petit Gibraltar*, il ne lui restait qu'à s'associer à Marescot
pour exécuter le projet de d'Arçon qui consistait
à faire le siége régulier de la place. Mais alors ses
débuts sur la scène du monde étaient manqués;
car l'opération entreprise contre cette ville maritime devait être interminable.

« Maîtres de presque toute l'Espagne, dit le
« colonel Vauvilliers, les Français furent arrêtés
« court par les forteresses têtes de pont sur la
« mer, qui étaient appuyées par les Anglais. Ces
« places possèdent toujours un haut degré de
« puissance; parce que devant elles on ne peut
« remplir la première condition des siéges,
« c'est-à-dire les bloquer, lorsque l'ennemi est
« maître de la mer. »

La pauvre armée de la Convention, si mal
approvisionnée, eût donc été encore plus impuissante contre Toulon que ne le furent les armées
impériales devant Cadix. Cette observation
prouve combien le projet de d'Arçon était inférieur à celui de Bonaparte.

Manié par une main moins habile, le canon du 13 vendémiaire n'eût peut-être pas réussi à dompter la révolte des sections contre la représentation nationale.

Enfin, nous avons eu déjà l'occasion de le remarquer ; si Napoléon eût conservé sur l'attaque des places les préjugés de l'école, ses conquêtes n'eussent jamais été si vastes, ni surtout si rapides.

Continuant cette revue des souverains de la dynastie napoléonienne, nous reconnaissons qu'à son avénement au pouvoir, en 1848, le président de la République trouva la question du canon rayé à l'étude depuis plusieurs années. En sa qualité d'officier d'artillerie, il suivit ces travaux avec le plus vif intérêt et les encouragea de toutes ses forces. L'empereur Napoléon III eut à se féliciter plus tard de l'attention qu'il avait donnée à ces recherches, en se voyant, sur les champs de bataille d'Italie, seul possesseur d'un système complet d'artillerie rayée, douée d'une plus grande puissance et d'une plus grande mobilité que ce qui s'était vu jusqu'alors. Ces nouvelles armes contribuèrent efficacement à nos succès.

C'est encore au goût de ce prince pour l'artillerie, que doit être attribuée la révolution récente

qui a eu lieu dans la guerre maritime, et la création des vaisseaux cuirassés.

La connaissance que possède un souverain
des détails de ce métier peut donc lui devenir
très-utile. De tout temps, on a vu de grandes
ambitions s'agiter autour du pouvoir suprême,
et le disputer à ceux qui en étaient possesseurs.
Les peuples paraissent sentir le besoin d'être
gouvernés par des hommes d'une intelligence
supérieure : d'autre part, plusieurs prétendants
peuvent exister dans le même pays; il est probable que l'avenir nous réservera plus d'un
exemple de compétition de cette nature, et que
les princes seront quelquefois forcés de défendre
leur couronne les armes à la main. De là, la nécessité pour eux de se familiariser avec le métier
des armes. L'étude de l'artillerie semble avoir des
droits particuliers à leur préférence; puisque c'est
en définitive le canon qui gagne les batailles et
qui écrase les insurrections.

L'avenir est donc éminemment favorable aux
développements de l'artillerie : la série ascen-
dante signalée par Paixhans continuera de s'accroître en tout pays (1). Si l'on compare entre

(1) Tome 1, page 328. Il y a 40 ans le personnel de l'artillerie compre-
nait 14 régiments : il en existe aujourd'hui 22.

eux deux peuples au point de vue de la force militaire, on jugera toujours que la nation la plus puissante sera celle qui possède l'armée la plus nombreuse, ou en d'autres termes, celle qui a le plus grand nombre de canons.

Serait-il également vrai de dire que le peuple le plus redoutable est celui qui possède le plus de forteresses? Vauban ne veut pas l'admettre; et il faut se ranger à son avis, surtout dans un pays où l'on a lieu de croire que le système de construction des places laisse beaucoup à désirer.

Quelque faible retentissement que puisse avoir notre opinion, nous sentons que la main nous tremble, au moment où nous allons avoir à tirer les conséquences des vérités qui ont été développées dans cet ouvrage. Nous rappelons ces paroles du colonel Vauvilliers au sujet de l'artillerie et du génie : « On se demande d'où peut « venir la rivalité de certains corps militaires; « mais elle est là : l'un ne peut progresser sans « faire reculer l'autre. »

Uni par les liens de l'estime et de l'amitié à un grand nombre de ces anciens frères d'armes dont nous apprécions la bravoure et la loyauté, nous ne voudrions pas leur faire le moindre tort,

leur causer la moindre inquiétude : notre désir
le plus sincère est que les conclusions que nous
allons poser, dans l'intérêt de l'État, soient ac-
cueillies par eux avec faveur et sympathie.

La logique des faits et l'exemple des autres
peuples de l'Europe nous ont porté à croire que
la France est d'un demi-siècle en retard dans
l'art de fortifier les places, et qu'il est temps,
dans l'intérêt de sa sécurité, qu'elle se réveille
de cette longue léthargie.

Il serait donc à désirer que des voix plus puissantes que la nôtre s'adressassent aux chefs actuels du service du génie et leur rappelassent
que toute considération doit fléchir devant l'intérêt de l'État, et qu'il faut attacher beaucoup
plus d'importance aux faits observés qu'à la parole du maître, surtout quand ce maître n'est pas
Vauban.

Cet appel recevrait peut-être un accueil plus
favorable qu'on ne le suppose.

Sans doute, depuis sa création, le comité du
génie a cru devoir avec raison s'imposer un corps
de doctrines sur lequel il puisse se baser pour examiner tous les projets qui lui sont présentés.
L'exécution de ces projets entraîne des dépenses,
et ils doivent être étudiés avec maturité. Les offi-

ciers qui les ont rédigés et contrôlés peuvent
bien avoir sur la fortification des idées opposées à celles de leurs juges ; toutefois ils doivent
les dissimuler et se conformer aux principes officiels, afin que l'on puisse donner suite à leurs
travaux (1). La liberté de discussion n'a donc ici
rien à faire ; et les opinions dissidentes restent
à l'état latent.

Tout est susceptible de changer ici-bas, même
les constitutions de l'Empire, pour lesquelles leur
auteur a très-sagement admis l'éventualité du
progrès. L'art de fortifier est, comme tous les
autres, basé sur l'observation. Il peut se produire des faits qui dérangent tout à coup certaines théories. Les idées vieillissent et font leur
temps ; la doctrine a besoin de se renouveler. Un
officier supérieur ou un membre du comité, qui
a cette conviction et qui ne peut la faire partager aux autres est forcé, lui aussi, de se taire ;
mais dès que la retraite lui aura rendu la faculté
de s'exprimer librement, on le verra monter sur

(1) M. de Zastrow suppose que lorsque les forts de Lyon furent construits,
le général Rohaut de Fleury avait exceptionnellement laissé à chacun des
officiers placés sous ses ordres le pouvoir d'agir d'après son libre arbitre.
C'est ce qui explique la variété des systèmes que l'on observe dans la forme
de ces ouvrages : on y voit même quelques traces du système polygonal, ce
qui tend à prouver que ce tracé n'est pas antipathique à tous les officiers du
génie.

la brèche, et soutenir ses opinions avec d'autant plus de véhémence qu'elles auront été plus long-temps comprimées. Ainsi, jusqu'à présent, dans le génie, les morts seuls ont parlé et les vivants gardent le silence.

Mais le langage de ces hommes qui s'expriment avec l'autorité d'une longue expérience produit de bons effets sur ceux qui sont en position d'apprécier la valeur de leurs idées. Le temps s'écoule, la limite d'âge produit un effet lent, mais continu : d'un jour à l'autre, l'esprit de la majorité peut changer. Si l'invitation adressée aux membres du comité arrive en un moment semblable, une réponse favorable y sera faite ; et sans aucun trouble, par la seule voie de la conciliation, toutes les difficultés seront aplanies et le corps entier du génie entrera résolument et spontanément dans la voie du progrès.

Si cependant cette espérance était déçue, il faudrait aviser à d'autres moyens de parvenir au même but.

Le comité d'artillerie ne recule devant l'examen d'aucun des détails de son service. Dès que ce comité voudra s'élever aux questions d'un ordre supérieur, il reconnaîtra toute l'étendue de son autorité. Le jour où il manifestera le désir

de voir ses élèves recevoir, en matière de fortification, un meilleur enseignement que celui qu'on
leur donne ; le jour où convaincu de la puissance
de ses bouches à feu, il reconnaîtra que c'est
pour elles que les enceintes doivent être construites, et que, par conséquent, aucun projet de
cette nature ne doit être mis à exécution sans
avoir été préalablement soumis à son contrôle ; ce
jour là, ses demandes légitimes ne sauront être
refusées, et la fortification ne tardera pas à réaliser de grands progrès.

Mais alors on aura porté atteinte à la surveillance exclusive qu'a exercée jusqu'à ce jour
le comité des fortifications sur l'enseignement ;
et c'en sera fait de son omnipotence dans
l'examen des projets de construction des places.

S'il est en outre admis que l'ancienne école
s'est trompée, en déclarant inefficace le tir des
projectiles creux sur les maisons, il en résultera
que les bombardements et les attaques de vive
force auxquels les places ennemies ne pourraient
résister, seront autant d'occasions perdues pour
de belles attaques régulières, dirigées avec une
grande habileté par les officiers du génie.

De même, l'adoption du système polygonal,
qui assure à la défense le concours d'un grand

nombre de bouches à feu servies avec toute la sécurité que l'on peut espérer, rendra plus rares
les défenses opiniâtres; puisque les assiégeants
abandonneront souvent leurs projets et lèveront
le siége devant cette vigoureuse artillerie qui
aura désemparé la leur.

Les attributions du service du génie se trouve-
ront donc entamées, en temps de paix par la diminution de son influence sur les travaux de
fortification, en temps de guerre par la rareté
des occasions où les officiers de ce corps peuvent
se distinguer. L'artillerie aurait alors secoué le
joug que lui impose depuis deux siècles le siége
méthodique de la fortification bastionnée ; et ses
liens de vassalité seraient à jamais rompus.

Mais les hommes sont toujours hommes : on
peut craindre que la participation de ce service à
des affaires autrefois réservées à la seule appréciation du génie n'entraîne de très-sérieuses
difficultés; et que la présence des deux corps
dans les commissions mixtes ne soulève des
divergences d'opinions, sur lesquelles il ne
serait pas facile de s'entendre; puisque ceux qui
les soutiendraient partiraient de bases différentes ; en sorte que l'avis de chacun pourrait se deviner à la simple vue du bouton de son uniforme.

Il ne faudrait pas chercher d'impartialité dans cette assemblée agitée par les inspirations de l'esprit de corps ; et rien ne pourrait sortir d'un pareil désordre. Faute de s'entendre sur les bases des projets, l'exécution en resterait indéfiniment suspendue.

On voit que nous n'avons pas cherché à affaiblir cette objection, qui peut même paraître exagérée; puisque nous avons supposé les membres de la commission mixte moins préoccupés du bien de l'Etat que des avantages de leurs services spéciaux. Si telle était la conséquence de nos conclusions; si le flambeau de la discorde, éteint depuis longtemps entre les deux corps, venait à se rallumer, nous aurions complétement manqué notre but, qui est avant tout d'établir la paix et l'unité. Il faut trouver le moyen d'ôter à ces discussions le moindre prétexte pour se produire.

Remontons au milieu du XVIII<sup>e</sup> siècle.

Il y a environ cent ans, la politique du gouvernement de Louis XV avait singulièrement affaibli l'esprit militaire en France. Le maréchal Gouvion Saint-Cyr, avant d'entamer le récit des campagnes de la révolution française auxquelles il prit une part si glorieuse, jette un coup

d'œil sur l'état du pays, à la mort de ce souverain, et ne peut maîtriser le sentiment d'amer-
tume que fait naître en lui ce souvenir.

« Il se trouve en France, dit-il, du patriotisme
« et des lumières : il faudrait les mettre à pro-
« fit pour ne plus voir se renouveler l'humiliant
« spectacle que nous avons eu sous les yeux au
« commencement du règne de Louis XVI. A
« cette époque, l'art de la guerre était totale-
« ment oublié, et l'esprit militaire si éteint, que
« ce prince empressé de relever par tous les
« moyens l'honneur national, se crut obligé
« d'envoyer en Prusse des officiers français, pour
« y prendre des leçons sur la manière de former
« et d'instruire les troupes.

« Qui croirait que pendant le seul règne de
« Louis XV, la France militaire eût perdu ce
« qu'elle avait acquis sous le règne brillant de
« Louis XIV ; que les armées qui succédèrent à
« celles du grand roi, que la nation qui avait
« produit des généraux tels que Turenne,
« Luxembourg, Villars et tant d'autres, aient eu
« besoin des leçons des généraux allemands ;
« que l'antique monarchie française ait dû em-
« prunter quelque chose à la monarchie récente
« des Prussiens, elle qui depuis tant de siècles

« était accoutumée à fournir des modèles aux
« nations les plus belliqueuses ! »

Dans ce triste règne où, sous l'influence des
courtisans de la pire espèce, on détruisit l'une
après l'autre les institutions militaires de
Louis XIV, le souvenir des nombreux et brillants services rendus sur les champs de bataille
et dans les siéges sembla s'être complétement
effacé. La nécessité, pour le génie et l'artillerie,
d'instruire les soldats des détails compliqués de
leurs services, avait jadis motivé la concession à
ces corps de quelques exemptions, de quelques
priviléges. La noblesse étant alors toute-puis-
sante, les suggestions de l'envie eurent d'autant
moins de peine à se faire écouter, que pour l'ad-
mission des sujets dans ces corps spéciaux, on
tenait moins à la naissance qu'à la capacité. En
attendant que le niveau de l'égalité passât sur
toutes les têtes, on voulut y soumettre les diverses
branches du service militaire.

Le corps du génie fut frappé le premier en 1743,
par la suppression de l'emploi du directeur général des fortifications : ce fut le début de
M. Voyer d'Argenson au ministère de la guerre.
Douze ans plus tard, le même ministre abolit la
charge antique de grand-maître de l'artillerie :

les canonniers durent alors monter la garde et faire le service de place, comme les soldats d'infanterie.

Après avoir ainsi décapité les deux corps, et avoir fait descendre leurs importantes fonctions au niveau des autres détails du ministère de la guerre, pêle-mêle avec les services administratifs, vivres, hôpitaux, prisons, habillement, campement, on s'imagina de les fusionner tous deux et de n'en faire qu'un seul corps; mais cette tentative échoua complétement : deux ans plus tard, il fallut séparer de nouveau l'artillerie et le génie.

Le moment n'était pas favorable au succès d'une pareille réunion : aucun lien n'existait entre les officiers des deux services, qui puisaient leur instruction dans des écoles différentes. Cette mesure dut surtout très-péniblement affecter le corps du génie, chez lequel les idées de suprématie inspirées par Cormontaingue avaient jeté les plus profondes racines. On sait que cet ingénieur influencé par les succès du ricochet dans les siéges, en était venu à considérer le canon comme un instrument de peu de valeur pour la défense, et qui n'y devait être employé que d'une façon très-secondaire. Cette conviction n'avait du reste rien que de très-logique, dans l'esprit d'un homme qui ne croyait pas à l'efficacité du bombardement, et s'imaginait que ce procédé ne serait jamais employé dans l'attaque des places.

Nourri de pareilles idées, le corps du génie militaire français dut se trouver cruellement froissé de se voir confondu dans les rangs de ce modeste corps de l'artillerie, qui avait si volontairement, et sans la moindre arrière-pensée subi le joug que Vauban lui avait imposé, et qui avait même fini par douter de la puissance de ses bombes (1).

Cependant, malgré cette blessure d'amour-propre, un motif très-grave eût dû porter les ingénieurs militaires à accepter sans murmure la nouvelle situation qui leur était faite.

L'infanterie qui manie le fusil, la cavalerie qui manie le sabre et l'artillerie qui manie le canon, sont les trois grands corps qui figurent dans les batailles, et les seuls que l'on puisse appeler *armes*, dans l'acception naturelle du mot. A part quelques hautes capacités militaires hors ligne, comme Vauban, les généraux en chef doivent, par la force des choses, être presque toujours choisis dans les services que nous venons de

(1) Cette opinion constamment enseignée dans les écoles s'est propagée jusqu'à nos jours, malgré les leçons de l'histoire. Voyez la lettre du capitaine Virlet (*Avant-propos, page III*).

nommer. Le corps du génie au XVIII° siècle eut le tort de ne pas comprendre que son alliance avec l'artillerie donnait à ses officiers l'accès du champ de bataille, et leur procurait par cela même des chances pour parvenir au commandement des armées. En persistant à vouloir vivre de sa vie isolée, indépendante, ce groupe d'officiers méconnut d'autant plus ses véritables intérêts, que la première guerre sérieuse qui devait éclater allait rendre manifeste l'erreur de Cormontaingne sur la faiblesse du canon, tendre à diminuer l'influence que la forme des remparts exerce sur la durée des siéges et enfin grandir singulièrement le rôle de l'artillerie dans toutes les circonstances de la guerre.

On peut donc considérer comme un acte éminemment fâcheux par ses résultats, l'ordonnance qui, rompant l'union des deux services, consacra la séparation définitive de l'*élément mobilier* et de l'*élément immobilier* de la fortification, et rendit au corps du génie son existence à part qu'il a toujours voulu conserver, ce qui l'a conduit à soutenir quelques erreurs et à refuser d'admettre certaines vérités que les autres peuples s'accordent à reconnaître ; et c'est ce qui nous empêche de les suivre dans la voie du progrès.

Le temps n'approcherait-il pas où, faute d'attributions suffisantes pendant la guerre, ce corps ne pouvant plus désormais vivre isolé, aurait tout avantage à se fusionner avec le service très-important et très-actif de l'artillerie, dont les officiers ont tant de rapports avec les siens ? Par l'adoption de cette mesure, le corps du génie acquerrait une vitalité qu'il a perdue, et dont les progrès récents des armes et de la fortification ne lui permettent plus d'espérer le retour.

De ce que cette immixtion serait profitable au service du génie, il n'en résulterait pas qu'elle dût être préjudiciable à celui de l'artillerie. Le personnel que ce dernier corps recevrait ainsi dans son sein serait composé d'officiers de mérite, dont chacun arriverait avec l'emploi dont il est actuellement pourvu : il n'y aurait donc point d'engorgement, point de *mise à la suite* ou *en non-activité*. Il semble donc qu'il ne devrait naître aucun motif d'inquiétude de l'exécution d'une pareille mesure.

Mais ce qui deviendrait magnifique pour le nouveau corps ainsi constitué, ce serait sa grande importance : tous les intérêts y seraient confondus, l'officier du génie serait artilleur et réciproquement : chacun acquerrait les qualités qui

lui manquent aujourd'hui (1). Le comité unique
aurait à statuer sur la construction des remparts
et des bâtiments militaires, et sur la fabrication
et l'emploi de toutes les machines de guerre et
des munitions.

La réunion de l'artillerie et du génie entra
jadis dans les vues de Napoléon Ier, trop excellent homme de guerre pour n'avoir pas compris
tous les avantages d'une pareille mesure. Toutefois, il fut obligé de reconnaître que, malgré la
brillante position conquise par l'artillerie dans
l'attaque et la défense des places, l'éloignement
réciproque qui existait alors entre deux classes
d'officiers aussi étrangers les uns aux autres
qu'en 1755, serait un obstacle insurmontable à
l'exécution de ce projet. Forcé d'y renoncer dans
le présent, il voulut du moins y préparer les esprits pour l'avenir ; et par décret du 4 octobre
1802, il réunit les élèves des deux services dans
la même école ; espérant que les sentiments de
bienveillance et de confraternité qui se dévelop-
peraient entre ces jeunes gens, tourneraient au
profit de l'Etat, et contribueraient à rendre plus
douces les relations de service entre les officiers

(1) « Où apprend-on à faire de la fortification, dit M. Brialmont, si ce
n'est dans les polygones, en observant à toutes les distances les effets de
l'artillerie actuelle sur la terre, le bois et les métaux ? »

dans la guerre des siéges. Ce premier but a été atteint ; de nombreux faits le prouvent ; mais là ne se bornait pas la portée des intentions de l'Empereur.

Soixante-trois ans se sont écoulés depuis la création de l'école de Metz ; et depuis longtemps, ni dans l'artillerie, ni dans le génie, il n'existe un seul officier élève qui n'ait puisé son instruction à cette source commune. Si donc l'espoir de Napoléon n'a pas été vain, il ne serait pas trop tôt pour tirer du décret du 4 octobre la grande conséquence qu'il avait entrevue.

La fusion des deux services présenterait une excellente occasion, dont on pourrait profiter pour adopter en même temps une résolution grande et généreuse, dans laquelle il ne faut voir au fond qu'un acte de justice, puisque ce serait le rétablissement d'un ancien ordre de choses.

Le nouveau corps créé par la combinaison des deux corps spéciaux actuels aurait acquis une assez grande importance et posséderait des attributions assez étendues, pour pouvoir, au même titre que le *service de la marine* en France, que le *service de l'ordonnance* en Angleterre, constituer un ministère nouveau, chargé de la défense des frontières et de l'organisation de tous les équi-

pages d'artillerie en cas de guerre ou d'expéditions. Le chef de ce ministère ayant l'honneur
de travailler avec l'Empereur, ne manquerait pas
de traiter une foule de questions du plus haut
intérêt relatives aux progrès de l'art et à la puissance militaire du pays.

Les cinq autres directions qui resteraient au
ministère de la guerre suffiraient pour conserver
une grande importance à ce département.

Toutes les questions de guerres offensives et
défensives seraient débattues désormais au conseil des ministres avec les garanties désirables
de lumières ; puisque les éléments de ces opérations dépendraient de deux ministères différents
qui concourraient à l'exécution, comme on voit
aujourd'hui la guerre et la marine s'entendre à
l'occasion d'une expédition outre-mer. Cette
combinaison serait meilleure ; et l'on ne verrait
plus entreprendre de siéges lointains avec des
ressources insuffisantes : on sait ce qu'il en coûte
au pays !

Les hommes du métier suivent avec un intérêt
des plus vifs la lutte pacifique qui a lieu entre
les gros projectiles et les cuirasses des vaisseaux;
question importante, puisque par le développement de son littoral, la France est appelée à de-

venir une des premières puissances maritimes de
l'Europe. Aussi ne peut-on qu'approuver les dépenses faites en vue d'accroître et de fortifier
notre flotte.

Cependant, il est bon de remarquer que les
.relations entre la France et l'Angleterre ont pris
une tournure éminemment pacifique ; que les
traités de commerce qui unissent les deux peuples par des liens de plus en plus multipliés,
rendent une rupture de moins en moins probable, et que la visite mutuelle que se sont faite
les escadres cuirassées, semble être une protes-
tation contre l'existence de ces grosses machines
de guerre. Si pourtant l'avenir nous réservait
encore des luttes avec ce pays ou avec une coalition d'autres puissances maritimes ; en supposant que la fortune ne reste pas fidèle à nos vaisseaux, et que nos derniers bâtiments de guerre
aient été engloutis au fond de l'Océan, nous aurions à déplorer des pertes bien cruelles ; néanmoins elles ne seraient pas irréparables, et les
Français pourraient encore marcher la tête
haute, car le sol de la patrie serait intact.

Mais si jamais nos armées, par insuffisance de
matériel de guerre, comme à Leipsick, avaient
le malheur de perdre une bataille décisive ; si

l'ennemi profitant de ce succès, parvenait à s'emparer de quelques-unes de nos places, sur l'entretien ou l'armement desquelles on eût cru pouvoir faire des économies ; si ces malheureuses forteresses éprouvaient le sort de Longwy, Verdun, Maëstricht, Magdebourg, Glogau, Valence et 115 autres places (1) ; alors le territoire national serait profondément entamé : notre pays aurait perdu de son prestige et de son étendue ; et les conséquences de ces désastres auraient une bien plus grande importance que la perte de nos vaisseaux.

Concluons-en que les sommes destinées à la construction et à l'armement des forteresses, doivent être considérées comme des dépenses de première nécessité ; et qu'il sera toujours sage à un souverain d'avoir sous la main un conseiller habile et sûr, qui le tienne directement au courant de toutes les questions qui se rapportent à la défense de son territoire.

Il semble donc impossible de se refuser à reconnaître les avantages d'une combinaison, qui en mettant tous les officiers d'accord sur le meilleur système de fortification à adopter, donnera

(1) Voir *tome* 1er, pages 365 et suivantes.

à leur chef les moyens d'obtenir, par des demandes plus directes et mieux appuyées qu'aujourd'hui, les crédits nécessaires pour conjurer des malheurs du genre de ceux que nous venons de supposer, et dont Dieu veuille préserver à jamais la France !

Telle est la solution qui, à défaut d'une autre, nous semble la meilleure pour sortir de l'état d'atonie dans lequel nous avons laissé tomber l'art de la fortification. Après deux siècles de repos, il est temps de se ceindre les reins, pour suivre les autres peuples dans la voie du progrès. L'artillerie française a fait preuve d'intelligence et de sagacité dans l'amélioration de son matériel et de ses armes. Il est désirable qu'on lui donne le moyen d'appliquer ces mêmes qualités aux perfectionnements des remparts, sur lesquels elle est appelée à combattre.

De peur que l'on ne se méprenne sur l'importance de cet ouvrage, l'auteur croit devoir déclarer, en le terminant, qu'il n'a travaillé ni à l'instigation, ni d'après les conseils de personne; toutes les pensées lui appartiennent. Après avoir quitté le service actif, il cherche encore à se rendre utile à ses anciens camarades, en leur faisant connaître le résultat de ses réflexions et

de ses travaux. Il regrette de n'avoir fait qu'ef-
fleurer un trop grand nombre de questions ; mais
il s'estimerait très-heureux s'il avait pu créer en
France quelques partisans à la fortification polygonale, et contribuer à y faire rendre une tar-
dive justice à son illustre inventeur.

# ADDITIONS.

Note 1, tome 1er, page 44.

On tiendra peut-être à savoir de quelles bases nous sommes parti, pour établir le rapport de la population à la superficie, dans les villes de guerre.

Après avoir critiqué la longueur donnée aux faces des demi-lunes, qui facilite beaucoup le couronnement du chemin couvert, le général Prévost de Vernois ajoute :

« On a donc perdu de vue les vrais éléments d'une « bonne défense pour poursuivre une chimère ; car « cette propriété de mettre le corps de place à l'abri « du ricochet n'a pas même lieu dans le front mo- « derne corrigé, à moins que l'on n'ait à fortifier un « polygone de 18 côtés, ce qui n'arrive pas souvent ; « car les enceintes de nos grandes places approchent « à peine de cette étendue.

« L'enceinte de Metz n'a que l'équivalent de seize « fronts, Strasbourg dix-huit non compris la citadelle, « Lille vingt non compris la citadelle, Valenciennes « onze, etc. »

Nous admettons que la portion du périmètre de la place couverte par la citadelle soit égale à un front, et nous supposons que les enceintes soient régulières.

La colonne 7 du tableau suivant contient les chiffres de popu-

lation extraits du Dictionnaire géographique de Bouillet.

| DÉSIGNATION DES VILLES. | NOMBRE de côtés du polygone de l'enceinte. | LONGUEUR du côté intérieur de la rue militaire. | PÉRIMÈTRE de la surface habitée. | DEMI-RAYONS des cercles inscrits. | SURFACE habitée des villes. | POPULATIONS. | NOMBRE d'habitants par hectare. |
|---|---|---|---|---|---|---|---|
| 1 | 2 | 3 | 4 | 5 | 6 | 7 | 8 |
| | côtés. | mètres. | mètres. | mètres. | hectares. | habitants. | habitants. |
| Valenciennes . . . . . . . . . . | 14 | 294 | 3234 | 247 | 80 | 19189 | 243 |
| Metz. . . . . . . . . . . . . | 16 | 314 | 5024 | 399 | 200 | 57743 | 289 |
| Strasbourg. . . . . . . . . . . | 19 | 322 | 6118 | 485 | 297 | 75765 | 253 |
| Lille. . . . . . . . . . . . | 21 | 326 | 6846 | 560 | 376 | 75795 | 203 |

Faute de plans exacts de nos places dont l'enceinte se compose quelquefois de parties anciennes, il est difficile pour un officier qui ne fait pas partie du corps du génie, de décomposer exactement ces enceintes en fronts bastionnés. Nous avons donc été heureux de profiter des évaluations du général Prévost de Vernois sur les quatre places qui figurent dans cet état.

Nous avons supposé que les fronts de fortification avaient 360 mètres de côté extérieur ; généralement cette dimension est un peu trop grande.

Nous avons admis en outre que les polygones étaient réguliers, ce qui n'est pas exact ; il en résulte que les chiffres de la 6ᵉ colonne (superficies) sont un peu trop forts ; par conséquent ceux de la dernière co-

lonne seraient au-dessous de la réalité. On voit donc que nous n'avons pas eu tort d'admettre pour les villes le chiffre 200 comme représentant le nombre d'habitants par hectare.

Il est probable que ce chiffre serait reconnu trop élevé pour nos petites places. Cela tient à ce que les constructions des remparts étant pleines, dans les forteresses françaises, on est obligé de construire à l'intérieur de la ville les magasins contenant les approvisionnements de toute nature nécessaires à la défense. Le prélèvement de terrain affecté à ces établissements diminue la surface habitable, d'une manière d'autant plus sensible que la ville est moins grande.

Mais le tableau de la page 41 n'a d'intérêt que pour

les grandes villes, dans lesquelles la population est très-considérable par rapport au chiffre de la garnison.

Note 2, tome 1er, page 64.

### SUR LES ABUS QUE FONT LES ANGLAIS DU MOT *humanité*.

Ce n'est pas d'aujourd'hui que l'on a remarqué la tendance des écrivains de cette nation à mettre en avant le grand mot *humanité*, toutes les fois qu'un intérêt national ou un simple intérêt de doctrine semble rendre nécessaire cet argument qui ne saurait produire d'impression sur les esprits sérieux.

A côté de l'exemple de Jones gémissant sur les maux qui suivent les bombardements (ce qui ne l'empêche pas de regretter que les mortiers anglais destinés au siége de Bayonne aient été inutiles), nous citerons celui d'Howard Douglas qui dans son *Traité d'artillerie navale* s'élevait contre le tir des projectiles creux sur les vaisseaux.

« Ainsi donc, s'écriait-il, dans son indignation, il « paraît que ces formidables agents de destruction « font partie du matériel naval des deux premières « puissances maritimes de l'Europe ; et que l'une et « l'autre sont disposées, dès que l'occasion s'en pré-« sentera, à s'en servir à outrance dans une lutte « inhumaine et sans gloire, dans laquelle le vaincu « sera celui qui aura été brûlé le premier !

« Nous gémissons profondément du caractère atroce
« que va prendre la guerre par suite de l'emploi d'un
« pareil système, dont l'adoption ne saurait enta-
« cher en rien notre caractère national : la défense
« personnelle est la première loi de nature et le pre-
« mier devoir des nations. Notre marine est donc bien
« approvisionnée d'obus pour la guerre, puisque l'on
« nous force à faire usage de tels projectiles.

« Pour prouver que nous ne sommes pas les pro-
« moteurs d'une si odieuse invention, il nous suffira
« de renvoyer le lecteur à l'ouvrage de M. Paixhans,
« intitulé : *Sur une arme nouvelle et conséquences qui*
« *en pourront résulter*, 1825. L'auteur y avoue que
« son idée a été d'anéantir la puissance maritime de
« l'Angleterre par l'emploi des projectiles creux de
« tous calibres contre les vaisseaux ; et ce n'est certes
« pas sans de longues hésitations qu'une pensée aussi
« barbare aura pu être admise par des hommes de
« guerre qui ont le cœur haut placé comme nos voi-
« sins, par une nation aussi brave et aussi chevale-
« resque que la nation française. »

En signalant le but très-ostensible que se proposait
le commandant Paixhans, sir Douglas enlève à ses
doléances une grande partie de leur force. Son appel
aux sentiments généreux de la France ne pouvait donc
être écouté : il était trop facile d'y deviner l'arrière-
pensée du général anglais.

Grâce au peu d'efficacité des boulets pleins contre

la coque des vaisseaux, la Grande-Bretagne qui possédait la population maritime la plus exercée, avait pu
conquérir l'empire des mers en subissant des pertes
insignifiantes : la continuation de l'emploi des vaisseaux de haut bord lui assurait une domination indéfiniment prolongée. Mais le tir de l'obus ayant prouvé
dans les expériences de Brest, avec quelle facilité ces
grandes masses de bois pouvaient être détruites, sir
Douglas effrayé de ces conséquences, et craignant qu'à
l'avenir les forces navales des États ne devinssent,
comme le déclarait Paixhans, proportionnelles à leur
population, jeta son cri de détresse et vint, en apôtre
de l'humanité, supplier les Français de renoncer à ces
terribles armes qui pouvaient compromettre la suprématie de l'Angleterre.

Paixhans avec son bon sens habituel réfute ainsi
l'argument de son adversaire :

« C'est la guerre elle-même qui est contraire à la
« morale et à l'humanité ; mais comme il y aura tou-
« jours des ambitions, toujours aussi il y aura des
« guerres, et toujours on cultivera l'art de donner à
« ses moyens la plus grande puissance possible...

« Dans le cas particulier qui nous occupe, les
« bombes sont-elles donc une chose nouvelle? Et
« d'ailleurs, est-il plus cruel de tuer son adversaire
« avec des obus qu'avec des boulets et de la mitraille?
« Est-il plus déloyal d'employer les projectiles creux
« contre les troupes de mer que contre les troupes de

« terre ? Ne pouvons-nous pas repousser à l'avenir les
« vaisseaux ennemis par les obus de nos vaisseaux,
« comme nous les repoussons aujourd'hui par les
« bombes de nos fronts de mer et de nos batteries de
« côte ? Et enfin, quand il est admis que la marine
« ennemie peut venir écraser sous les bombes de ses
« galiotes les femmes et les enfants d'une ville assié-
« gée, pourquoi serait-on obligé de respecter ses
« forteresses flottantes et ses combattants qui ont toute
« facilité de riposter ? »

Ce raisonnement n'admet pas de réplique.

Heureusement pour les Anglais, la nation qui fit
prévaloir, il y a quarante ans, l'emploi des obus à la
mer a calmé plus tard les craintes qu'elle avait excitées : elle a imaginé les plaques en fer qui préservent
les bâtiments des ravages causés par les projectiles
creux. Aussi voit-on le gouvernement britannique ne
reculer devant aucun sacrifice pour se procurer de
bons vaisseaux solidement bardés, et des projectiles
doués d'une assez grande puissance pour percer les
cuirasses de ses ennemis.

Comme sir Howard Douglas, nos ingénieurs se sont
couverts du manteau de la philanthropie.

En prenant ce rôle, le général anglais avait en vue
de préserver les matelots de sa nation des dangers très-
réels qui les menaçaient : on devine le but patriotique
vers lequel il tendait.

L'école française du génie qui repousse les moyens de faire cesser de loin la résistance, et qui ne connaît d'autre procédé pour entrer dans une forteresse assiégée que de passer par la brèche, travaille peut-être ainsi dans l'intérêt de la population ennemie ; mais en conduisant les troupes assiégeantes sur les glacis, elle ne s'aperçoit pas qu'elle traîne à la mort une foule de ses propres soldats, qui seront tués à bout portant par la mitraille et la mousqueterie des remparts.

Note 3, tome 1er, page 124.

### SUR L'ATTAQUE DU FRONT DE CORMONTAINGNE.

La planche V présente, entre les lignes AB, CD qui forment un angle de 25 degrés avec la direction de l'escarpe de la coupure, la position E d'une batterie qui pourrait abattre cette escarpe en même temps que serait ouverte la brèche au saillant. Nous avons placé cette construction à la droite de la défense, pour n'en pas compliquer le dessin ; mais il est évident que des batteries de cette nature devraient être dirigées contre la coupure de la face gauche de la demi-lune 8, et contre celles de la face droite de la demi-lune 7. Les places d'armes rentrantes et leurs réduits 12 et 13 ne recevraient plus aucun appui des coupures ruinées ; et l'assiégeant trouverait bientôt le moyen d'établir des batteries dans ces réduits contre le corps de place.

Dans les fronts d'Haxo et de Noizet où la transversale de la coupure est portée plus en avant, la construction des batteries de brèche oblique offrirait moins de difficultés que dans celui de Cormontaingne.

Note 4, tome 1er, page 385.

Un des tableaux contenus dans les *Nouvelles considérations militaires* du colonel Vauvilliers, présente sur les siéges d'Espagne par les Français, des renseignements que nous croyons devoir reproduire.

| NOMS DES PLACES. | FORCE de l'armée assié-geante. | PERTES de l'armée assié-geante. | GARNI-SONS espa-gnoles. | DU-RÉE du siége. | NOM-BRE de canons pris. | OBSERVATIONS. |
|---|---|---|---|---|---|---|
| Figuières. . . . . | » | » | » | » | » | Surprise. |
| Pampelune. . . . | » | » | » | » | » | *Idem.* |
| St-Sébastien. . . | » | » | » | » | » | *Idem.* |
| Barcelone . . . . | » | » | » | » | » | *Idem.* |
| Montga. . . . . . | inconnue | inconnue | 500 | 4 | » | Enlevée de vive force. |
| Roses . . . . . . | 15,000 | 7,500 | 3,500 | 17 | 100 | Siége. |
| Lugo-Vigo-la-Co-rogne. . . . | inconnue | » | » | » | » | Évacuée. |
| Moncada. . . . . | *Id.* | » | » | 4 | » | *Idem.* |
| Le Férol. . . . . | 15,000 | » | 200 | 4 | 200 | Siége. |
| Saragosse . . . . | 25,000 | 3,500 | 32,000 | 54 | 150 | Outre 20,000 pay-saus guérillas. |
| Gironne. . . . . | 46,000 | 9,000 | 9,400 | 185 | 170 | Les maladies firent périr 6,000 h. à l'armée d'obser-vation qui comp-tait 17,000 h. opposée à une ar-mée de secours espagnole plus forte. |
| Nos. Sig. de Tré-mandad. . . . | 3,000 | 200 | 2,000 | 4 | 50 | Vive force. |
| Vénasque . . . . | 3,000 | » | 300 | 4 | 5 | *Idem.* |
| A reporter. . | 77,000 | 20,200 | 47,900 | 264 | 675 | |

| NOMS DES PLACES. | FORCE de l'armée assié-geante. | PERTES de l'armée assié-geante. | GARNI-SONS espa-gnoles. | DU-RÉE du siége. | NOM-BRE de canons pris. | OBSERVATIONS. |
|---|---|---|---|---|---|---|
| Report. . | 77,000 | 20,200 | 47,900 | 264 | 675 | |
| Astorga . . . . . | 14,000 | 600 | 3,000 | 25 | 40 | Environ 20,000 h. formaient une ar-mée d'observa-tion devant une armée espagnole. |
| Lérida. . . . . . | 42,000 | 200 | 9,000 | 44 | 405 | Siége. |
| Méquinenza . . . | 6,000 | 80 | 1,900 | 6 | 45 | Idem. |
| Hostalrich. . . . | 3,000 | 100 | 300 | 90 | 25 | Idem. |
| Fort des Mèdes . | 500 | 10 | 250 | 4 | 5 | Vive force. |
| Ciudad Rodrigo.. | 30,000 | 1,200 | 6,000 | 24 | 120 | Plus de 3,000 gué-rillas. |
| Almeida. . . . . | 48,000 | 58 | 5,000 | 12 | 174 | Armée d'observa-tion devant l'ar-mée anglaise. |
| Tortose . . . . . | 43,000 | 400 | 11,000 | 13 | 180 | Armée d'observa-tion. |
| Tarragone. . . . | 47,800 | 950 | 20,000 | 28 | 322 | Idem. |
| Olivença. . . . . | 6,900 | 300 | 6,000 | 14 | 18 | Siége. |
| Bâdajoz . . . . . | 17,000 | 2,000 | 9,000 | 34 | 170 | Idem. |
| Campo-Major . . | 6,000 | 125 | 2,000 | 7 | 25 | Idem. |
| Sagonte . . . . . | 20,000 | 128 | 3,000 | 24 | 17 | Idem. |
| Propéza. . . . . | 1,500 | 100 | 500 | 6 | 6 | Idem. |
| Valence. . . . . | 180,000 | 450 | 20,000 | 44 | 393 | Idem. |
| Péniscola. . . . . | 3,000 | 60 | 4,000 | 3 | 74 | Idem. |
| Castro-Durdialos. | 9,600 | 50 | 1,200 | 6 | 27 | Idem. |
| Fort de Cardone.. | 1,500 | 50 | 300 | 30 | 30 | Idem. |
| Fort St-Philippe-de-Balagnier.. | 10,000 | 2,500 | 2,000 | 58 | 180 | Idem. |
| Mont–Ferra.. . . | 6,000 | 300 | 4,000 | 2 | 10 | Vive force. |
| TOTAUX, 33 pl<sup>ces</sup>. | 294,800 | 29,561 | 453,350 | 666 | 2,644 | |

Note 5, tome 11, page 264.

SUR LE PRIX D'ACHAT DES BOUCHES A FEU DE SIÉGE

SUIVIES DE LEUR ATTIRAIL.

Les chiffres suivants sont ceux de l'*Inventaire géné-ral du matériel d'artillerie*, et représentent la valeur que l'on rembourserait à l'État pour remplacer les objets cédés, perdus ou consommés.

Pour avoir le détail des objets compris dans chacun des articles, il faut consulter le projet d'équipage de siége qui figure dans le chapitre X de l'*Aide-mémoire d'artillerie* (*édition de* 1856).

*Prix des objets de matériel d'artillerie à envoyer à une expédi-tion avec un canon de 24 ou un mortier de 27ᶜ.*

| ARTICLES. | DÉSIGNATION DES OBJETS. | PRIX DES OBJETS | |
|---|---|---|---|
| | | pour le canon de 24. | pour le mortier de 27ᶜ. |
| | | fr. c. | fr. c. |
| 1 | Bouches à feu . . . . . . . . . . | 7,650 » | 930 » |
| 2 | Affûts, voitures et attirails . . . . | 2,629 95 | 2,887 55 |
| 3 | Projectiles. . . . . . . . . . . . . | 2,790 » | 9,000 » |
| 4 | Poudres. . . . . . . . . . . . . . | 4,948 » | 4,626 50 |
| 5 | Munitions confectionnées. . . . . . | 6,439 40 | 3,555 » |
| 6 | Cartouches d'infanterie. . . . . . | 809 » | 809 » |
| 7 | Armements et assortiments.. . . . | 425 04 | 447 22 |
| 8 | Outils à pionniers. . . . . . . . . | 316 90 | 346 90 |
| 9 | Fascinage . . . . . . . . . . . . | 736 24 | 736 24 |
| 10 | Outils tranchants. . . . . . . . . | 88 80 | 88 80 |
| 11 | Ustensiles divers. . . . . . . . . | 21 60 | 24 60 |
| 12 | Plates-formes et portières. . . . . | 442 » | 465 » |
| 13 | Objets servant à l'entretien du ma-tériel . . . . . . . . . . . . . . | 58 20 | 58 20 |
| 14 | Ferrures. . . . . . . . . . . . . | 463 44 | 463 44 |
| 15 | Bois débités . . . . . . . . . . . | 350 » | 350 » |
| 16 | Métaux, charbon, vieux oing . . . | 29 39 | 29 39 |
| 17 | Ustensiles d'artifices. . . . . . . | 454 » | 454 » |
| 18 | Matières pour artifices. . . . . . | 30 44 | 30 44 |
| 19 | Artifices confectionnés. . . . . . | 3 56 | 3 56 |
| 20 | Engins et cordages. . . . . . . . | 94 34 | 94 34 |
| 21 | Objets divers, instruments, etc. . . | 68 75 | 68 75 |
| | TOTAUX. . . . . . . . . | 24,645 75 | 24,232 63 |

# TABLE DES MATIÈRES.

## IIᵉ PARTIE.

### ÉTUDES HISTORIQUES SUR LES SIÈGES MODERNES.

#### 1° Guerres de la République.

#### 2° Guerres de l'Empire.

## IIIe PARTIE.

## ADDITIONS.

FIN DU TOME SECOND.

## ERRATA DU TOME PREMIER.

Page 82, ligne 23, *au lieu de* 1741, *lisez* 1641.
Page 92, ligne 8, *du lieu de* assiégeants, *lisez* assiégés.
Page 94, ligne 8, *au lieu de* 1739, *lisez* 1639.
Page 132, ligne 23, *au lieu de* l'assiégeant, *lisez* l'assiégé.
Page 164, ligne 5, *au lieu de* fig. 2, *lisez* fig. 1.
Page 172, ligne 7, *au lieu de* planche 5, *lisez* planche 3.
Page 250, ligne 27, *au lieu de* canons lisses, *lisez* âme lisse.
Page 321, ligne 2, *au lieu de* parties, *lisez* batteries.
Page 338, ligne 1, *au lieu de* la place, *lisez* l'attaque.
Page 363, ligne 9, *au lieu de* 1536, *lisez* 1566.


## ERRATA DU TOME SECOND.

Page 61, ligne 22, *au lieu de* 5,53, *lisez* 2,53.
Page 95, ligne 15, *au lieu de* chassée, *lisez* chauffée.
Page 261, ligne 26, *au lieu de* note 4, *lisez* note 5.
Page 295, ligne 24, *au lieu de* places : l'on, *lisez* places si l'on.

www.ingramcontent.com/pod-product-compliance
Lightning Source LLC
Chambersburg PA
CBHW072014270326
41928CB00009B/1646